上海市工程建设规范

多高层钢结构住宅技术标准

Technical standard for multi-story and high-rise steel residential buildings

DG/TJ 08—2029—2021
J 11102—2021

主编单位:同济大学
上海建筑设计研究院有限公司
上海宝钢建筑工程设计有限公司
批准部门:上海市住房和城乡建设管理委员会
施行日期:2021 年 11 月 1 日

同济大学出版社

2021 上海

图书在版编目(CIP)数据

多高层钢结构住宅技术标准 / 同济大学，上海建筑设计研究院有限公司，上海宝钢建筑工程设计有限公司主编. —上海：同济大学出版社，2021.11

ISBN 978-7-5608-9933-6

Ⅰ. ①多… Ⅱ. ①同… ②上… ③上… Ⅲ. ①高层建筑-钢结构-住宅-建筑工程-技术标准-上海 Ⅳ. ①TU241.8-65

中国版本图书馆 CIP 数据核字(2021)第 201926 号

多高层钢结构住宅技术标准

同济大学
上海建筑设计研究院有限公司　**主编**
上海宝钢建筑工程设计有限公司

策划编辑　张平官
责任编辑　朱　勇
责任校对　徐春莲
封面设计　陈益平

出版发行　同济大学出版社　www.tongjipress.com.cn
(地址：上海市四平路 1239 号　邮编：200092　电话：021－65985622)
经　　销　全国各地新华书店
印　　刷　浦江求真印务有限公司
开　　本　889mm×1194mm　1/32
印　　张　4.5
字　　数　121 000
版　　次　2021 年 11 月第 1 版　2021 年 11 月第 1 次印刷
书　　号　ISBN 978-7-5608-9933-6
定　　价　45.00 元

上海市住房和城乡建设管理委员会文件

沪建标定〔2021〕332 号

上海市住房和城乡建设管理委员会
关于批准《多高层钢结构住宅技术标准》为
上海市工程建设规范的通知

各有关单位：

由同济大学、上海建筑设计研究院有限公司、上海宝钢建筑工程设计有限公司主编的《多高层钢结构住宅技术标准》，经我委审核，现批准为上海市工程建设规范，统一编号为 DG/TJ 08—2029—2021，自 2021 年 11 月 1 日起实施。原《多高层钢结构住宅技术规程》DG/TJ 08—2029—2007 同时废止。

本规范由上海市住房和城乡建设管理委员会负责管理，同济大学负责解释。

特此通知。

上海市住房和城乡建设管理委员会

二〇二一年五月三十一日

前　言

根据上海市住房和城乡建设管理委员会《关于印发〈2017年上海市工程建设规范编制计划〉的通知》（沪建标定〔2016〕1076号）的要求，由同济大学、上海建筑设计研究院有限公司和上海宝钢建筑工程设计有限公司会同有关单位对《多高层钢结构住宅技术规程》DG/TJ 08—2029—2007进行全面修订。在修订过程中，编制组开展了专题研究，经广泛调查研究，认真总结实践经验，参考有关国内标准和国外先进标准，并在广泛征求意见的基础上，最后经有关部门及专家审查定稿。

本标准主要内容包括：总则；术语和符号；基本规定；建筑设计；结构设计；建筑设备；制作安装与验收；使用与维护及附录A～C。

本次修订的主要内容有：

1. 名称更改为"多高层钢结构住宅技术标准"。

2. 围绕建筑工业化和装配式、围护体系、绿色建筑与建筑节能、隔声、结构抗震、集成厨卫、协同设计与信息化、验收、运营与维护等方面，对本标准进行了扩充和完善。

3. 对章节目录进行了调整。新增"3　基本规定""8　使用与维护"两章，将"6　工厂制作与施工安装"修改为"7　制作安装与验收"。

4. 调整了附录内容。

各单位及相关人员在执行本标准过程中，如有意见和建议，请反馈至上海市住房和城乡建设管理委员会（地址：上海市大沽路100号；邮编：200003；E-mail：shjsbzgl@163.com），同济大学（地址：上海市四平路1239号；邮编：200092；E-mail：chenchen_cc@tongji.edu.cn），上海市建筑建材业市场管理总站（地址：上海市小木桥路 683 号；邮编：200032；E-mail：shgcbz@163.com），以供今后修订时参考。

主 编 单 位：同济大学
上海建筑设计研究院有限公司
上海宝钢建筑工程设计有限公司

参 编 单 位：上海市金属结构行业协会
山东高速莱钢绿建发展有限公司
浙江精工钢结构集团有限公司
上海中福置业控股集团有限公司
万科房地产有限公司上海分公司
浙江佳源房地产集团有限公司
上海东方雨虹防水技术有限责任公司
圣戈班石膏建材(上海)有限公司
山东联海新型建材有限公司

主要起草人：李国强 于 亮 孙绪东 陈以一 童乐为
李元齐 王 伟 宗 轩 刘玉姝 王彦博
刘 青 陈 琛 潘嘉凝 徐 凤 朱建荣
寿炜炜 陈众励 石 磊 路志浩 李先林
桂永馨 徐 涛 沈佳星 梁学锋 白 宾
贾洪利 于存海 李 君 蒋 路 陈建平
燕 冰 宁 波 王李果 宋 昊 王亚飞
聂纯强

主要审查人：章迎儿 吴欣之 包联进 沈文渊 高小平
王榕梅 杜 刚

上海市建筑建材业市场管理总站

目　次

1　总　则 ………………………………………………………… 1
2　术语和符号 …………………………………………………… 2
　2.1　术　语……………………………………………………… 2
　2.2　符　号……………………………………………………… 4
3　基本规定 ……………………………………………………… 7
4　建筑设计 ……………………………………………………… 8
　4.1　一般规定…………………………………………………… 8
　4.2　体系模数化………………………………………………… 8
　4.3　平面布置…………………………………………………… 9
　4.4　层高和净高 ……………………………………………… 10
　4.5　外　墙 …………………………………………………… 10
　4.6　屋　面 …………………………………………………… 11
　4.7　楼　板 …………………………………………………… 11
　4.8　内隔墙 …………………………………………………… 12
　4.9　门　窗 …………………………………………………… 12
　4.10　室内环境………………………………………………… 13
　4.11　防水、防潮 ……………………………………………… 13
　4.12　装　修…………………………………………………… 14
5　结构设计 ……………………………………………………… 15
　5.1　一般规定 ………………………………………………… 15
　5.2　结构选型和布置 ………………………………………… 17
　5.3　楼盖设计 ………………………………………………… 21
　5.4　构件设计 ………………………………………………… 23
　5.5　节点设计 ………………………………………………… 27

5.6 钢结构防火 …… 30
5.7 钢结构防腐 …… 31
6 建筑设备 …… 36
6.1 一般规定 …… 36
6.2 给排水 …… 36
6.3 供暖、通风与空调 …… 37
6.4 燃 气 …… 38
6.5 电 气 …… 39
6.6 住宅智能化 …… 40
7 制作安装与验收 …… 42
7.1 一般规定 …… 42
7.2 部品部(构)件的制作与运输 …… 42
7.3 部品部(构)件的安装 …… 49
7.4 验 收 …… 59
8 使用与维护 …… 63
8.1 一般规定 …… 63
8.2 住宅使用 …… 63
8.3 物业管理与维护 …… 64
附录 A 钢结构住宅模数网格线定位及模块组合示例 …… 65
附录 B 等间距等尺寸密集开孔的蜂窝梁设计 …… 68
附录 C 局部开孔梁的设计 …… 73
本标准用词说明 …… 77
引用标准名录 …… 78
条文说明 …… 81

Contents

1 General provisions 1
2 Terms and symbols 2
  2.1 Terms 2
  2.2 Symbols 4
3 Basic requirements 7
4 Architecture design 8
  4.1 General requirements 8
  4.2 System modularization 8
  4.3 Plane layout 9
  4.4 Floor height and clearance 10
  4.5 Exterior wall 10
  4.6 Roof 11
  4.7 Floor 11
  4.8 Partition wall 12
  4.9 Door and window 12
  4.10 Indoor environment 13
  4.11 Waterproof and moisture proof 13
  4.12 Decoration 14
5 Structure design 15
  5.1 General requirements 15
  5.2 Structural systems 17
  5.3 Floor design 21
  5.4 Component design 23
  5.5 Connection design 27

5.6 Fire protection of steel structure ······ 30
5.7 Corrosion protection of steel structure ······ 31
6 Building equipment ······ 36
6.1 General requirements ······ 36
6.2 Water supply and drainage ······ 36
6.3 Heating, ventilation and air conditioning ······ 37
6.4 Gas ······ 38
6.5 Electric ······ 39
6.6 Housing intellectualization ······ 40
7 Fabrication, installation and acceptance ······ 42
7.1 General requirements ······ 42
7.2 Production and transportation of parts(members) ······ 42
7.3 Installation of parts(members) ······ 49
7.4 Acceptance ······ 59
8 Use and maintenance ······ 63
8.1 General requirements ······ 63
8.2 Residential use ······ 63
8.3 Property management and maintenance ······ 64
Appendix A Example of modular gridline location and module combination for steel structure residential buildings ······ 65
Appendix B Design of honeycomb beam with openings of equal space and size ······ 68
Appendix C Design of partially opened beams ······ 73
Explanation of wording in this standard ······ 77
List of quoted standards ······ 78
Explanation of provisions ······ 81

1 总　则

1.0.1 为顺应建筑工业化发展，规范多高层钢结构住宅的设计、建造、验收和维护，使多高层钢结构住宅符合适用、安全、经济、绿色、美观等要求，制定本标准。

1.0.2 本标准适用于本市建筑高度 100 m 以下新建多高层钢结构住宅的设计、建造、验收及维护。

1.0.3 多高层钢结构住宅层数划分应符合下列规定：

1 多层钢结构住宅：4 层～6 层。

2 中高层钢结构住宅：7 层～9 层，且建筑高度不大于 27 m。

3 高层钢结构住宅：10 层及以上，或建筑高度大于 27 m。

1.0.4 多高层钢结构住宅应充分体现标准化、定型化、多样化及通用化的原则，做到体系合理、构造简单、施工方便。

1.0.5 多高层钢结构住宅宜采用装配式钢结构建筑体系，并应符合建筑全寿命期的可持续性原则，在建筑的设计、生产运输、施工安装、验收和运营维护中贯彻执行国家和本市技术经济政策，加强工业化生产全过程、全专业的管理和质量控制。

1.0.6 新建多高层钢结构住宅应实施全装修，建筑设计与装修设计应同步进行。

1.0.7 多高层钢结构住宅的设计、建造、验收和维护，除应符合本标准外，尚应符合国家、行业和本市现行有关标准的规定。

2 术语和符号

2.1 术 语

2.1.1 多高层钢结构住宅 multi-story and high-rise steel residential building

以钢结构系统作为主要受力结构体系，外围护系统、设备管线系统和内装系统的主要部分采用部品部（构）件集成设计建造的多高层住宅。

2.1.2 建筑系统设计和集成 integration and design of building system

以装配化建造方式为基础，统筹策划、设计、生产和施工等，实现住宅的结构系统、外围护系统、设备与管线系统、内装系统一体化的设计和生产建造过程。

2.1.3 协同设计 collaborative design

多高层钢结构住宅设计中通过建筑、结构、设备、装修等专业相互配合，运用信息化技术手段满足建筑设计、生产运输、施工安装等要求的一体化设计方法和过程。

2.1.4 设计模数 planning module

设计模数指在建筑体系化的设计过程中指定某个基本模数，体系内的主要构件，除厚度（或断面尺寸）之外的标志尺寸，应为该设计模数的整数倍。在建筑物的平面和垂直两个向度，可以根据需要选取不同的设计模数。模数表达方式采用 1 M(100 mm)的形式。

2.1.5 设计分模数 infra-modularize

设计分模数指以体系内所确定的设计模数的 1/2，1/3 或

1/5 等取值来作为辅助的度量单位，但也要符合 100 mm 的整数倍。设计分模数用以局部调整体系中构配件的尺寸和品种，使之有利于优化设计。

2.1.6 模数网格线 modular grid line

模数网格线是以设计模数为间距，在平面和垂直两个向度所形成的网格线，是设计和构配件定位的基本依据。

2.1.7 构件的标志尺寸 coordinating size

构件的标志尺寸指保证构件在组成建筑物时达到闭合要求所应有的尺寸，也是划分构件之间界限的理论尺寸。一般情况下，构件的标志尺寸减去构件间的连接和施工间隙即为构件的构造尺寸。

2.1.8 适调间距 neutral zone

适调间距指当建筑物全部按照设计模数网格定位因技术原因或基地状况问题，通过在局部区域内将设计模数网格错位排列或者插入非设计模数化的尺寸来进行适当调节。插入适调间距时应注意其周边尽量与设计模数网格线取得协调，不影响主要构件的模数化设计及定位。

2.1.9 钢-混凝土混合结构 steel-concrete hybrid structure

由钢框架/组合框架(或支撑钢框架/支撑组合框架)与钢筋混凝土剪力墙(或钢筋混凝土筒体)共同工作所构成的结构体系。

2.1.10 减震钢结构 energy dissipation steel structure

设置消能减震构件的钢结构。减震钢结构包括主体钢结构和消能减震部件。

2.1.11 屈曲约束支撑 buckling restrained brace

亦称“防屈曲支撑”，是采用约束单元防止核心单元受压屈曲、使其可以充分实现受压屈服的一种支撑构件，可作为结构体系的水平抗侧力构件和消能减震构件使用。

2.1.12 屈曲约束钢板剪力墙 buckling-restrained steel plate shear wall

在内嵌钢板面外设置约束构件以抑制平面外屈曲的钢板剪力墙。

2.1.13 模块化钢结构 steel modular structure

指在工厂内制作完成，或在现场拼装完成、且具有使用功能的钢结构模块单元，通过装配连接而成的模块化钢结构。

2.1.14 柱承重模块单元 corner supported module

模块单元边梁主要靠角柱形成四个角点支撑，支撑全部重量。龙骨和墙板均不考虑承受荷载。

2.1.15 墙承重模块单元 continuously supported module

模块单元正常使用时荷载主要通过长边方向墙体承担。

2.1.16 分层装配支撑钢框架 floor-by-floor assembled steel braced frame

以支撑作为主要抗侧力构件，梁贯通、柱分层，梁柱采用全螺栓连接，结构体系分层装配建造的钢结构体系。

2.1.17 柔性支撑 slender bracing

截面型式为扁钢或圆钢，承受拉力的柱间支撑或屋面（楼面）水平支撑。

2.1.18 交错桁架结构 staggered truss framing structure

由纵向框架柱、横向平面桁架和楼板组成的结构体系。框架柱布置在结构外围，桁架沿横向隔层、隔跨交错布置，桁架上、下弦分别位于两个相邻楼层位置，横向布置的楼板两端分别支承于相邻跨桁架的上弦和下弦。

2.1.19 半刚性连接 semi-rigid connection

刚度、承载力以及转动能力介于刚性连接和铰接连接之间的一种连接方式。

2.2 符 号

A——毛截面面积；

B——支撑的抗侧移刚度；

C_F——框架的平均层抗侧移刚度；

D——柱的抗侧移刚度；

E_s——钢材的弹性模量；

E_c——混凝土的弹性模量；

H——结构的总高度；

I——毛截面惯性矩；

I_w——剪力墙的毛截面惯性矩；

I_x——计算截面处毛截面惯性矩；

K——蜂窝梁扩高比；

M——弯矩；

N——轴心力；

N_L——作用在腹板上的局部压力设计值；

N_B——地震引起的轴力；

S_x——计算剪应力处以上毛截面对中和轴的面积矩；

V——剪力；

W——毛截面模量；

W_S——开孔截面处T形截面竖肢下端的截面模量；

W_{nx}——对x轴的净截面抵抗矩；

b——截面翼缘宽度；

b_1——截面翼缘外伸宽度；

b_r——蜂窝梁蜂窝孔边加劲肋的宽度；

e——偏心距；

f——钢材的强度设计值；

f_v——钢材抗剪强度设计值；

f_y——钢材的屈服强度；

f_{yf}——翼缘的钢材屈服强度；

f_{yw}——腹板的钢材屈服强度；

h_b——型钢梁截面高度；

h_g——六边形蜂窝梁全高；

h_c——矩形开孔梁上、下肢形心间的距离；

h_w——截面腹板净高；

i_b——梁的线刚度；

i_c——柱的线刚度；

k——构件线刚度比；

l——柱实际长度(层高)；

l_0——矩形开孔梁上肢或下肢的长度；

m——结构单位高度上的质量；

n——结构的层数；

t_f——截面翼缘厚度；

t_w——截面腹板厚度；

σ——正应力；

τ——剪应力；

μ——计算长度系数；

ζ——结构阻尼比；

λ——结构刚度特征值；

α_1——相应于结构的基本周期的多遇地震影响系数值；

φ_v——蜂窝梁腹板弯曲稳定系数；

φ_w——蜂窝梁腹板受压稳定系数；

ξ——蜂窝梁挠度计算换算系数；

η_σ^s——矩形开孔梁实腹部分的正应力增大系数；

η_σ^k——矩形开孔梁空腹部分的正应力增大系数；

η_w^k——矩形开孔梁挠度增大系数。

3 基本规定

3.0.1 多高层钢结构住宅应坚持标准化设计、工厂化生产、装配化施工、一体化装修、信息化管理和智能化应用。

3.0.2 多高层钢结构住宅由结构系统、围护系统、内装系统、设备和管线系统组合集成，应按照通用化、模数化、标准化的要求，用建筑系统集成的方法统筹设计、生产、运输、施工和运营维护。

3.0.3 多高层钢结构住宅的设计应遵守模数协调和少规格、多组合的原则，在标准化设计的基础上满足系列化和多样化的要求。

3.0.4 多高层钢结构住宅应制定相互协同的施工组织方案，采用适当的技术、设备和机具，进行装配式施工，并采取减少现场焊接和湿作业的措施。

3.0.5 多高层钢结构住宅宜运用建筑信息化技术，将全专业、全产业链的信息进行系统化管理。

3.0.6 多高层钢结构住宅应采用绿色建材和性能优良的系统化部品构件，因地制宜，采用适宜的节能环保技术，充分利用可再生能源，提高建设标准，提升建筑品质。

3.0.7 多高层钢结构住宅宜发挥钢结构优势，采用大柱距布置方式，满足当前使用要求的同时，兼顾今后改造的便利性，满足建筑全寿命期的空间适应性要求。

3.0.8 多高层钢结构住宅的建筑设计应符合防火、防腐、防水、节能、隔声等相关规范的基本要求，满足可靠性、安全性、耐久性和舒适性等有关规定的要求。

3.0.9 多高层钢结构住宅设计应满足设备系统功能有效、运行安全、维修方便等基本要求。

4 建筑设计

4.1 一般规定

4.1.1 多高层钢结构住宅的建筑设计应以体系化的住宅建筑系列为目标,分层次进行优化设计。

4.1.2 多高层钢结构住宅的建筑设计应与结构、水、电、智能化、燃气、供暖及通风各专业协调,做到设计合理、技术先进。

4.2 体系模数化

4.2.1 多高层钢结构住宅的建筑设计应在设计模数的基础上以模数网格线定位。结构构件的轴线与模数网格线的关系以及围护、分隔构件的定位应符合所选建筑体系的特征,并有利于构配件的生产、安装和其他附加构造层次的实施;主要构件的标志尺寸(厚度或断面尺寸除外)应为设计模数的整数倍,并符合模数协调的原则,在相邻构配件之间互相留下模数化的空间。

4.2.2 在确定设计模数时,应根据现行有关标准选择住宅平面及垂直方向的设计参数,并在此基础上综合考虑所选用的结构形式的特征以及所选用的成品建筑构、部件的模数。

4.2.3 水平方向的模数应按下列原则确定:

1 采用整体现浇式钢筋混凝土楼板或钢衬板叠合混凝土楼板时,宜考虑外围护构件的模数;采用装配式预制钢筋混凝土楼板或装配整体式叠合钢筋混凝土楼板时,应兼顾楼板与外围护构件之间的模数协调。

2　采用钢框架-混凝土核心筒(剪力墙)体系及钢框架-混凝土组合结构体系时,其现浇钢筋混凝土部分的平面尺寸及定位亦应符合模数化设计的要求,并为标准化的预制构件安装提供方便。

3　宜采用 6 M (600 mm) 为基本设计模数,以 3 M (300 mm)和 2 M (200 mm) 为水平分模数,并结合住宅的结构形式特征以及所选用的成品建筑构、部件合理选用扩大模数和分模数。

4.2.4　垂直方向的模数应采用 1 M (100 mm) 为基本设计模数,并结合住宅的结构形式特征以及所选用的成品建筑构、部件合理选用扩大模数和分模数。

4.2.5　当体系中的某些构件无法符合模数化的要求时,可插入非模数化的适调间距进行协调。

4.3　平面布置

4.3.1　柱网布置以模数网格线定位,除应满足结构性能及住宅通风、采光等方面的要求外,尚应有利于以住宅单元或套型为单位实现模块化设计及模块间的拼接。

4.3.2　单元和套型模块设计应在模数化的基础上,充分考虑其可拼接性以及拼接后结构性能的合理性、建筑平面的可调整和设备、管线的优化组合。模块拼合有困难时,可利用非模数化的插入距或特殊的衔接单元来实现,钢结构住宅模数网格线定位及模块组合可按本标准附录 A 设计。

4.3.3　厨房、卫生间宜采取整体化集成设计。

4.3.4　公共部位的设计应遵循下列原则:

1　应符合现行上海市工程建设规范《住宅设计标准》DGJ 08—20中关于公共部位设计的规定。

2　楼梯间和电梯井的平面尺寸不符合模数时,应通过平面调整使之组合成为周边模数化的模块;如有困难,可将公共部位作为非模数化的插入单元,且在平面方向至少有两道侧边的构件定位应符合所在建筑体系的设计模数定位法则，宜给周边留下模数化的空间。

4.4 层高和净高

4.4.1 多高层钢结构住宅的层高宜控制在 2.80 m～3.00 m，不应超过 3.60 m，并应为基本模数 1 M 的整数倍。

4.4.2 多高层钢结构住宅内各基本空间的净高应符合现行上海市工程建设规范《住宅设计标准》DGJ 08—20 的相关规定。

4.4.3 主要垂直设施管道应集中布置在管井内，管井的尺寸宜符合建筑体系的模数。

4.5 外　墙

4.5.1 外墙应符合下列规定：

1 外墙应轻质、高强、防火，并应根据多高层钢结构住宅的特点选用标准化、产业化的墙体材料。

2 外墙应优先采用轻型墙板，墙板本身及其与钢结构的连接节点应符合现行国家标准《建筑抗震设计规范》GB 50011 的要求。

3 外墙选用应符合结构规定的耐久年限并满足建筑装饰功能要求。

4 外墙的燃烧性能和耐火极限应符合现行国家标准《建筑设计防火规范》GB 50016 的要求。

5 外墙的选用应满足建筑节能要求。

4.5.2 外墙的连接构造应符合下列规定：

1 外墙应采用嵌入式、半嵌入式和外挂式等连接构造方式。

2 外墙与主体钢结构连接构造节点应保证在重力荷载、风荷载、温度作用及多遇地震作用的影响下不发生破坏。

3 外墙与主体钢结构的连接接缝应柔性连接，接缝应满足在温度应力、风荷载及设防地震作用等外力作用下，其变形不会导致密封材料的破坏。有防火要求的，应采用防火材料嵌填。

4 墙板间或墙板与不同材质墙体相接的板缝应采取可靠的弹性密封材料连接措施。

5 外墙上留设空调孔、通风排气孔等洞口时，应对洞口采取加强措施，同时应采取可靠的弹性密封措施。

6 外墙与配件的连接，宜采取加强构造。金属连接配件或预埋件，应采取防腐处理，其做法按现行国家防腐标准执行。

4.5.3 外墙保温隔热、隔声应满足下列要求：

1 外墙连接节点处应满足保温隔热、隔声的整体要求。

2 外墙与钢结构连接应采取措施，减少热桥的影响。

4.5.4 外墙抹灰、装饰层应符合下列规定：

1 外墙抹灰层与墙面基层的粘结应采取措施，防止空鼓开裂，有防水、抗渗要求的应采取有效措施。

2 墙面凹凸部分抹灰层应采用泛水和滴水构造。

3 外墙饰面宜采用耐久性好的弹性涂料饰面。

4.6 屋 面

4.6.1 屋面板的燃烧性能和耐火极限应满足现行国家标准《建筑设计防火规范》GB 50016 的要求。

4.6.2 屋面的保温、隔热应满足现行行业标准《夏热冬冷地区居住建筑节能设计标准》JGJ 134 的要求，同时应符合其他现行国家、上海市相关标准、规范的要求。

4.7 楼 板

4.7.1 楼板的燃烧性能和耐火极限应满足现行国家标准《建筑设

计防火规范》GB 50016 的要求。

4.7.2 楼板的隔声、传热系数应满足现行上海市工程建设规范《住宅设计标准》DGJ 08—20 的要求。

4.8 内隔墙

4.8.1 内隔墙应满足下列要求：

1 内隔墙应满足轻质、高强、防火的要求，并应根据多高层钢结构住宅的特点选用标准化、产业化的墙体材料。

2 内隔墙的燃烧性能和耐火极限应满足现行国家标准《建筑设计防火规范》GB 50016 的要求。

3 内隔墙材料的有害物质限量应满足现行国家标准《建筑材料放射性核素限量》GB 6566 的规定及相关的环保要求。

4.8.2 内隔墙的连接构造应满足下列要求：

1 内隔墙与主体结构的连接，不应影响主体结构的整体稳定和使用安全。

2 墙板与不同材质墙体相接的板缝处，应采取弹性密封措施。

3 内隔墙电气管线应暗敷，分户隔墙不应对穿开设孔洞。

4 内隔墙体预留门窗洞应对洞口采取加强措施。

4.8.3 内隔墙连接节点处应满足保温、隔声的整体要求。

4.8.4 内墙装饰材料的有害物质限量应满足现行国家标准《室内装饰装修材料内墙涂料中有害物质限量》GB 18682 的要求。

4.9 门　窗

4.9.1 门窗的设计应满足模数化、标准化及通用化的原则，做到使用合理、安装简易、加工方便、安全耐久。

4.9.2 门窗洞口的最小尺寸、安全防护、防盗设施等应符合现行上海市工程建设规范《住宅设计标准》DGJ 08—20 的相关规定。

4.10 室内环境

4.10.1 多高层钢结构住宅的日照、天然采光、自然通风应符合下列规定：

1 日照、自然通风标准应符合现行上海市工程建设规范《住宅设计标准》DGJ 08—20 的相关规定。

2 天然采光标准应符合现行国家标准《住宅设计规范》GB 50096的相关规定。

3 可利用的地下室、半地下室和封闭的坡屋顶内的起坡部分中如有暴露的钢结构构件，应采取构造措施或利用相关设备组织通风，以利于钢结构的防腐。

4.10.2 多高层钢结构住宅室内装修材料及装修工艺应控制有害物质的含量，室内空气质量要求应符合现行上海市工程建设规范《住宅设计标准》DGJ 08—20 的相关规定。

4.11 防水、防潮

4.11.1 多高层钢结构住宅中屋面围护系统防水等级应不低于Ⅱ级，并应具有良好排水功能。其材料的选用及构造应满足现行国家标准《屋面工程技术规范》GB 50345 的相关要求。

4.11.2 外墙防水、防潮应符合下列规定：

1 外墙围护系统宜进行墙面整体防水设计，应通过构造、材料等多种措施达到防水要求。

2 建筑物防潮层以下的墙体、处于长期浸水或化学侵蚀环境的部位，不应使用轻质墙体材料；凡受条件限制必须采用的，应采取切实可靠的措施。

3 墙板间或墙板与不同材质墙体相接的板缝处，应采取可靠的密封防水措施，防止渗漏，并保证耐久性和可靠性。

4 外墙与外窗相接处，应采取可靠的密封防水措施，防止渗漏，并保证耐久性和可靠性。

4.11.3 内隔墙防水应符合下列规定：

1 卫生间、厨房间、设有配水点的阳台等与相邻房间隔墙应采取有效的防水措施。

2 墙板与不同材质墙体相接的板缝处，应采取可靠的弹性密封措施。

4.11.4 当室内湿度较大或采用纤维状保温材料时，结构层上、保温层下应设置隔汽层。

4.11.5 多高层钢结构住宅中地下工程防水设计和材料选用及构造做法应满足现行国家标准《地下工程防水技术规范》GB 50108 的相关规定。

4.12 装　修

4.12.1 新建多高层钢结构住宅宜提供菜单式全装修，一次装修到位，以减少装修对结构安全可能造成的损害。

4.12.2 多高层钢结构住宅装修设计应充分考虑钢材的特性，实行防火构造优先的原则。

4.12.3 多高层钢结构住宅装修设计应满足现行上海市工程建设规范《全装修住宅室内装修设计标准》DG/TJ 08—20 的相关要求。

5 结构设计

5.1 一般规定

5.1.1 多高层钢结构住宅钢结构的设计使用年限不应少于 50 年，其结构设计的安全等级和地基基础安全等级不应低于二级。

5.1.2 结构荷载应按下列原则确定：

1 多高层钢结构住宅楼面和屋顶活荷载及雪荷载应按现行国家标准《建筑结构荷载规范》GB 50009 确定。

2 多高层钢结构住宅的风荷载应按现行国家标准《建筑结构荷载规范》GB 50009 规定的方法确定的 50 年重现期的风压计算。当计算风载需考虑风振影响时，计算风振系数采用的结构阻尼比 ζ 宜根据下列情况确定：

1）纯钢结构，采用填充墙，取 $\zeta=0.02$。

2）纯钢结构，采用外挂墙板，取 $\zeta=0.03$。

3）钢-混凝土混合结构，采用填充墙，取 $\zeta=0.04$。

4）钢-混凝土混合结构，采用外挂墙板，取 $\zeta=0.05$。

3 多高层钢结构住宅的地震作用应根据现行国家标准《建筑抗震设计规范》GB 50011 及现行上海市工程建设规范《建筑抗震设计规程》DGJ 08—9、《高层建筑钢-混凝土混合结构设计规程》DG/TJ 08—015 的要求确定。计算多遇地震作用时采用的结构阻尼比 ζ，宜根据下列情况确定：

1）纯钢结构，采用填充墙，高度不大于 50 m 时取 $\zeta=0.03$，高度大于 50 m 时取 $\zeta=0.025$。

2）纯钢结构，采用外挂墙板，高度不大于 50 m 时取 $\zeta=$

0.04，高度大于 50 m 时取 $\zeta=0.035$。

3）钢-混凝土混合结构，采用填充墙，高度不大于 50 m 时取 $\zeta=0.045$，高度大于 50 m 时取 $\zeta=0.04$。

4）钢-混凝土混合结构，采用外挂墙板，高度不大于 50 m 时取 $\zeta=0.05$，高度大于 50 m 时取 $\zeta=0.045$。

4 计算罕遇地震作用时，结构阻尼比均取 $\zeta=0.05$。

5.1.3 计算各振型地震影响系数所采用的结构自振周期，应考虑非承重填充墙体的刚度影响予以折减。当非承重墙体为填充轻质砌块、填充轻质墙板或外挂墙板时，自振周期折减系数可取 0.9～1.0。

5.1.4 多高层钢结构住宅结构在水平力作用下的侧移应满足如下要求：

1 风载作用下结构的侧移应满足下列要求：

1）对于纯钢结构，最大层间侧移不宜大于楼层高度的 1/300。

2）对于钢-混凝土混合结构，最大层间位移不宜大于楼层高度的 1/800。

2 多遇地震作用时，结构的侧移应满足下列要求：

1）对于纯钢结构，若采用砌块填充墙或内嵌墙板，最大层间侧移不宜超过楼层高度的 1/300；若采用外挂墙板或外贴砌块墙，最大层间侧移不宜超过楼层高度的 1/250。

2）对于钢-混凝土混合结构，最大层间位移不宜大于楼层高度的 1/800。

3 罕遇地震作用时，结构的侧移应满足下列要求，以防止结构倒塌：

1）对于纯钢结构，最大层间侧移不宜超过层高的 1/50。

2）对于钢-混凝土混合结构，最大层间侧移不宜超过层高的 1/100。

4　按现行国家标准《建筑结构荷载规范》GB 50009 规定，在 10 年一遇的风荷载作用下，顺风向与横风向结构顶点最大加速度 α_{max} 不应大于 0.15 m/s²。顺风向与横风向结构顶点最大加速度 α_{max} 可按现行行业标准《高层民用建筑钢结构技术规程》JGJ 99 的规定计算。

5.1.5　当多高层钢结构住宅对于抗震安全性和使用功能有较高要求时，可进行消能减震与隔震设计。

5.1.6　住宅楼盖结构应具有适宜的舒适度。楼盖结构的竖向振动频率不宜小于 3 Hz，竖向振动加速度峰值根据竖向振动频率的不同不应超过 0.05 m/s²～0.07 m/s²。

5.1.7　多高层钢结构住宅的建筑设计应根据抗震概念设计的要求明确建筑形体的规则性。其建筑形体及其结构布置的平面、竖向不规则性，可按现行行业标准《高层民用建筑钢结构技术规程》JGJ 99 的相关规定进行判别。不规则的建筑方案应按规定采取加强措施；特别不规则的建筑方案应进行专项论证，并采用特别的加强措施；严重不规则的建筑方案不应采用。

5.2　结构选型和布置

5.2.1　各种钢结构体系适用的多高层钢结构住宅类型可按表 5.2.1 执行。

表 5.2.1　各种钢结构体系适用的多高层钢结构住宅类型

结构体系		住宅类型
纯钢结构	钢框架结构体系	多层、中高层
	分层装配支撑钢框架结构体系	多层
	交错桁架结构体系	多层、中高层
	钢框架-支撑、钢框架-剪力墙板结构体系	中高层、高层
	模块化结构体系	多层

续表5.2.1

结构体系		住宅类型
钢-混凝土混合结构	钢框架或组合框架-剪力墙(核心筒)结构体系	中高层、高层
	模块-剪力墙(核心筒)结构体系	中高层

5.2.2 支撑可选用中心支撑、偏心支撑、屈曲约束支撑、内藏钢板支撑,剪力墙板可选用带缝混凝土剪力墙板、钢板剪力墙、防屈曲钢板墙。

5.2.3 采用减震钢结构体系时,设计应符合下列规定:

1 减震钢结构体系,应综合考虑体系适用性、结构合理性、施工工艺可行性及结构经济性等因素,选用屈曲约束钢支撑-框架结构、屈曲约束钢板墙-框架结构、自复位耗能支撑-框架结构、自复位耗能钢板墙-框架结构等结构形式。

2 减震钢结构体系的布置应符合下列规定:

1) 应具有清晰、完整及可靠的传力途径。

2) 宜采用高性能材料及装置。

3) 可将结构的承受竖向荷载体系与抵抗侧力体系分开,但应保证结构体系的有效性及可行性。

4) 应具有足够的冗余度,不得因部分结构构件或装置的失效而导致整个结构体系丧失承载能力。

3 减震耗能构件(如屈曲约束支撑、屈曲约束钢板墙、自复位耗能支撑、自复位耗能钢板墙)在结构中的布置应符合下列规定:

1) 宜使结构在两个主轴方向的动力特性相近,不应增加结构的扭转效应。

2) 宜使结构具有合理的刚度和承载力分布。

3) 宜布置在结构相对变形较大的位置,并采取便于检查和替换的措施。

4) 宜沿建筑高度方向自下而上连续布置,避免交错及叠合。

5）构件中轴线宜与梁柱的中轴线交汇于一点。

4 减震钢结构体系中节点连接处的受力应可靠，节点设计中应适当考虑施工过程中的便捷性。在有抗震设防要求的结构中，若节点区域屈服，应通过合理的构造措施保证节点具有足够的延性，以避免节点延性过低导致整个结构的延性降低。

5.2.4 采用模块化钢结构体系时，设计应符合下列规定：

1 模块化钢结构的模块单元应为几何不变体，并应承担自身以及整体结构的重力荷载。

2 根据建筑层数、高度以及结构体系，可采用墙承重模块单元和柱承重模块单元等。

3 墙承重模块单元中的荷载可通过上部模块的墙体直接传至其下部墙体，如果不能直接传力，应在墙体对应位置的楼板空间内设置构造措施保障竖向荷载的有效传递。

4 柱承重模块单元在楼板和天花板层采用跨越角柱的纵向边梁。边梁可采用热轧平行翼缘槽钢或者冷弯型钢截面。亦可根据模块类型制成特定的截面形状。柱承重模块单元叠放布置时，角柱应在对应位置连续布置。

5 模块化钢结构设计，应合理选择建筑模块和组合形式，满足在运输、安装及使用过程中的功能和安全要求。

6 模块单元内部钢骨架的梁柱节点应按相关标准进行加强，防止节点失效，并保证模块内梁、柱或柱脚的刚性连接在受力过程中交角不变。

7 连接节点应合理构造，传力可靠并方便施工；同时，节点构造应具有必要的延性，避免产生应力集中和过大的焊接约束应力，并应按节点连接强于构件的原则设计。节点与连接的计算和构造应符合现行国家标准《钢结构设计标准》GB 50017 和《建筑抗震设计规范》GB 50011 的规定。

8 结构设计应满足模块单元生产线制作的要求，并充分考虑模块总装厂材料供货、库存。

5.2.5 采用分层装配支撑钢框架结构体系时，设计应符合下列规定：

1 当采用柔性支撑作为主要抗侧力构件时，应采用可施加预紧力的高延性柔性支撑。

2 分层装配支撑钢框架结构由钢柱、钢梁、支撑和楼板组成稳定的结构体系。当由楼板和钢梁形成整体性楼盖系统时，楼板应与钢梁进行可靠连接。

3 分层装配支撑钢框架结构体系采用柱按层分段、梁贯通的构成方式，正交梁宜采用铰接连接。梁拼接位置应与梁柱节点错开，现场连接节点应采用螺栓连接。

4 同一层中所有与柱连接的钢梁宜采用同一截面高度。不与钢柱连接的次梁可以采用较小高度的截面。

5 纵横两个方向均应布置柱间支撑。柱间支撑在两个方向应分散布置。柱间支撑上下层可不连续，但在每层宜分散均匀布置。柱间支撑根据所承担的侧向力大小可选用不同的截面积。支撑宜采用柔性支撑，当有可靠依据时，亦可采用刚性支撑。

6 墙体围护构件应与梁或楼板可靠连接。

7 柱的长细比不应超过120。

5.2.6 采用交错桁架结构体系时，设计应符合下列规定：

1 交错桁架钢结构的设计应符合现行行业标准《交错桁架钢结构设计规程》JGJ/T 329 的规定。

2 桁架可采用混合桁架和空腹桁架两种形式，设置走廊处可不设斜杆。

3 当底层局部无落地桁架时，应在底层对应轴线及相邻两侧设横向支撑。

4 交错桁架结构体系纵向可采用钢框架结构、钢框架-支撑结构、钢框架-剪力墙板结构或其他可靠结构形式。

5.2.7 多高层钢结构住宅的体系和布置应满足下列要求：

1 应具有明确的计算简图和合理的地震作用传递途径。

2　对于中高层及高层钢结构住宅，宜有避免因部分结构或构件破坏而导致整个体系丧失抗震能力的多道设防，重要部位连接构造应使整体结构能形成多道抗侧力体系。

3　应具备必要的刚度和承载力、良好的变形能力和耗能能力。

4　宜具有沿高度均匀的刚度和承载力分布，避免因局部削弱或突变形成薄弱部位，避免应力集中或塑性变形集中；对可能出现的薄弱部位，应采取加强措施。

5.2.8　抗震设防的框架-支撑结构中，支撑（剪力墙板）宜竖向连续布置。除底部楼层和外伸刚臂所在楼层外，支撑的形式和布置在竖向宜一致。

5.2.9　结构体系应建立与建筑模数相协调的结构模数网格，结构构件按模数网格定位。结构构件定位方法分中心线定位法、制作面定位法、界面定位法。

5.2.10　当主体结构构件的定位与安装和非主体结构构件的连接与安装需同时满足基准面定位的要求时，钢构件截面尺寸应符合模数协调要求。中心线定位和界面定位可叠加为同一模数网格。

5.3　楼盖设计

5.3.1　多高层钢结构住宅楼盖类型的选用，应符合下列规定：

1　应选用保证结构的整体刚度、强度且抗震性能好的楼盖类型；构造上应满足建筑防火要求及钢结构的抗腐蚀性能要求。宜根据多高层钢结构住宅的特点，选用标准化的、经济合理的楼盖构件；宜采用满足多高层钢结构住宅建筑节能、隔声、抗裂、暗敷管线、施工等要求的组合楼盖。

2　楼板可选用工业化程度高的压型钢板组合楼板、钢筋桁架楼承板组合楼板、钢筋桁架混凝土叠合楼板、预制带肋底板混凝土叠合楼板（PK 板）及预制预应力空心板叠合楼板（SP 板）等。

3 不超过12层的多高层钢结构住宅，可采用装配整体式楼板或其他整体式轻型楼盖，应将楼板预埋件与钢梁焊接或采取其他保证楼盖整体性的措施；超过12层的钢结构住宅，宜采用压型钢板组合楼板和现浇整体式钢筋混凝土楼板，并与钢梁有可靠连接，必要时，应设置水平支撑。

4 结构转换层、平面复杂或开洞过大的楼层、房屋顶层以及作为上部结构嵌固部位的地下室楼层，应采用现浇整体式钢筋混凝土楼盖结构。

5.3.2 采用轻骨料混凝土制作装配整体式和现浇整体式钢筋混凝土楼板时，其混凝土宜经过试验。

5.3.3 现浇楼盖的混凝土强度等级不应低于C25、不宜高于C35。

5.3.4 多高层钢结构住宅楼盖设计及计算应符合现行国家标准《混凝土结构设计规范》GB 50010、《钢结构设计标准》GB 50017和《建筑抗震设计规范》GB 50011的规定，并应满足下列要求：

1 一般楼层现浇楼板厚度不宜小于110 mm，同时应考虑板内预埋暗管的要求；顶层楼板厚度不宜小于120 mm，宜双层双向配筋；普通地下室顶板厚度不宜小于160 mm；作为上部结构嵌固部位的地下室的顶楼盖应采用梁板结构，楼板厚度不宜小于180 mm，混凝土强度等级不宜低于C30，应采用双层双向配筋，且每层每个方向的配筋率不宜小于0.25%。

2 楼盖梁的布置宜采用主梁和次梁平接的设计方案。

3 结构整体分析时，宜考虑混凝土楼板对结构刚度的贡献；考虑组合作用的梁板的截面设计包括使用阶段的承载力计算、正常使用阶段的变形验算和裂缝宽度验算。

4 构件与混凝土之间尚未形成组合作用的施工阶段，应作为一种独立设计工况进行验算，计算应包括结构的整体稳定及钢梁、压型钢板、预制混凝土板的承载力和变形验算，此时，施工可变荷载的取值不宜小于1.0 kN/m^2。必要时，设计文件中应注明对施工临时措施的要求。

5 现浇整体式钢筋混凝土楼板与装配整体式楼板现浇层应与梁或剪力墙可靠连接。钢梁与楼板连接可采用圆柱头焊钉或其他可靠形式，剪力墙与楼板连接可预留拉筋锚入楼板或楼板现浇层的形式，并应满足计算及构造要求。

5.3.5 不超过 50 m 的多层、中高层钢结构住宅，当采用装配整体式楼盖时，尚宜符合下列规定：

1 楼盖每层宜设置钢筋混凝土现浇层。现浇层厚度不宜小于 60 mm，应双向配置直径不小于 6 mm、间距不大于 200 mm 的钢筋网，同时满足计算的要求。

2 预制板搁置在钢梁上或剪力墙上的长度分别不宜小于 50 mm 和 65 mm，并应同时采取与梁或剪力墙可靠连接的构造措施。

3 预制板的板缝大于 40 mm 时，应在板缝内配置钢筋，预制板板缝的混凝土强度等级应高于预制板的混凝土强度等级，且不应低于 C25。

4 当采用带内孔的预制板时，板孔堵头宜留出不小于 50 mm 的空腔，并采用强度等级不低于 C25 的混凝土浇灌密实。

5.4 构件设计

5.4.1 构件设计应满足现行国家标准《钢结构设计标准》GB 50017、《建筑抗震设计规范》GB 50011 和现行行业标准《高层民用建筑钢结构技术规程》JGJ 99 的要求。

5.4.2 构件设计的基本要求及与建筑模数的协调要求应满足下列规定：

1 结构构件应按建筑模数网格的要求，建立结构构件定位网格，确定安装基准面。

2 应确定结构构件截面的优选尺寸系列，建立结构分模数体系，构件的高、宽模数宜为10，20，25，40和50，并为基准模数M的$\frac{1}{n}$倍，n为整数；钢构件厚度模数可取2，3，4，5，并为基准模数M的$\frac{1}{m}$倍，m为整数；构件长度宜为基准模数M的整数倍，或与分模数的整数倍的和。

3 应控制构件规格的数量，宜使用标准化部件。

4 标准系列的结构构件要有互换性，构件的互换不应影响构件的连接，并应与建筑部件的模数匹配，不应影响建筑部件的安装。

5.4.3 框架柱设计应符合下列规定：

1 柱构件的板件宽厚比按下列规定采用：

1） 中高层及高层框架钢柱构件的板件宽厚比限值，无抗震设计要求时应符合现行国家标准《钢结构设计标准》GB 50017有关受压构件局部稳定的规定，有抗震设计要求时应符合现行国家标准《建筑抗震设计规范》GB 50011有关梁柱板件宽厚比限值的规定。

2） 多层规则框架H形截面的钢柱构件，其板件允许采用较大的宽厚比，但不应超过式(5.4.3-1)～式(5.4.3-3)的规定。

① 当0≤柱子轴压比≤0.2时，板件宽厚比应满足下列要求：

$$\frac{b/t_{\mathrm{f}}}{15\sqrt{235/f_{\mathrm{yf}}}}+\frac{h_{\mathrm{w}}/t_{\mathrm{w}}}{650\sqrt{235/f_{\mathrm{yw}}}}\leqslant 1,$$

$$且\frac{b/t_{\mathrm{f}}}{\sqrt{235/f_{\mathrm{yf}}}}\leqslant 15,\ \frac{h_{\mathrm{w}}/t_{\mathrm{w}}}{\sqrt{235/f_{\mathrm{yw}}}}\leqslant 130 \tag{5.4.3-1}$$

② 当0.2＜柱子轴压比≤0.4时，板件宽厚比应满足下列要求：

$$\frac{b/t_{\mathrm{f}}}{13\sqrt{235/f_{\mathrm{yf}}}}+\frac{h_{\mathrm{w}}/t_{\mathrm{w}}}{910\sqrt{235/f_{\mathrm{yw}}}}\leqslant 1,$$

$$且\frac{b/t_{\mathrm{f}}}{\sqrt{235/f_{\mathrm{yf}}}}\leqslant 15,\ \frac{h_{\mathrm{w}}/t_{\mathrm{w}}}{\sqrt{235/f_{\mathrm{yw}}}}\leqslant 70 \qquad (5.4.3\text{-}2)$$

或

$$\frac{b/t_{\mathrm{f}}}{19\sqrt{235/f_{\mathrm{yf}}}}+\frac{h_{\mathrm{w}}/t_{\mathrm{w}}}{190\sqrt{235/f_{\mathrm{yw}}}}\leqslant 1,$$

$$且\frac{b/t_{\mathrm{f}}}{\sqrt{235/f_{\mathrm{yf}}}}\leqslant 15,\ 70<\frac{h_{\mathrm{w}}/t_{\mathrm{w}}}{\sqrt{235/f_{\mathrm{yw}}}}\leqslant 90 \qquad (5.4.3\text{-}3)$$

式中：b，t_{f}——翼缘半宽和厚度(mm)；

h_{w}，t_{w}——腹板净高和厚度(mm)；

f_{yf}，f_{yw}——翼缘和腹板的钢材屈服强度(MPa)，Q235 钢材取 235 MPa，Q 345 钢材取 345 MPa。

3）钢管混凝土柱构件中钢管的径厚比、宽厚比限值可分别采用现行国家标准《钢管混凝土结构技术规范》GB 50936 和现行中国工程建设标准化协会标准《矩形钢管混凝土结构技术规程》CECS 159 的有关规定。

2 多高层钢框架结构或框架支撑结构采用一阶弹性方法分析时，框架柱的计算长度系数可按下列公式确定：

无侧移时（$k_{\mathrm{T}}\geqslant 60$），

$$\mu_1=\frac{3+1.4(k_1+k_2)+0.64k_1k_2}{3+2(k_1+k_2)+1.28k_1k_2} \qquad (5.4.3\text{-}4)$$

有侧移时（$k_{\mathrm{T}}=0$），

$$\mu_2=\sqrt{\frac{1.6+4(k_1+k_2)+7.5k_1k_2}{k_1+k_2+7.5k_1k_2}} \qquad (5.4.3\text{-}5)$$

当 $0 \leqslant k_T \leqslant 60$ 时，

$$\mu_T = \frac{\mu_2}{\sqrt{1+\left(\frac{\mu_2^2}{\mu_1^2}-1\right)\left(\frac{k_T}{60}\right)^{0.5}}} \tag{5.4.3-6}$$

$$k_1 = \frac{\sum i_{1b}}{\sum i_{1c}} \tag{5.4.3-7}$$

$$k_2 = \frac{\sum i_{2b}}{\sum i_{2c}} \tag{5.4.3-8}$$

$$k_T = \frac{l^2 \sum B}{\sum i_c} \tag{5.4.3-9}$$

式中：$\sum i_{1b}$ ——与柱 1 端相连梁线刚度之和；

$\sum i_{2b}$ ——与柱 2 端相连梁线刚度之和；

$\sum i_{1c}$ ——与柱 1 端相连柱线刚度之和；

$\sum i_{2c}$ ——与柱 2 端相连柱线刚度之和；

$\sum B$ ——柱所在楼层所有支撑在柱失稳方向抗侧移刚度之和；

$\sum i_c$ ——柱所在楼层所有柱在柱失稳方向线刚度之和；

l ——柱实际长度(层高)。

若柱端刚接，则 k_1 或 $k_2=\infty$；若柱端铰接，则 k_1 或 $k_2=0$。

5.4.4 框架梁和楼面梁按下列方法设计：

1 梁构件的板件宽厚比按下列规定采用：

1) 中高层框架钢梁的板件宽厚比限值，无抗震设计要求时应满足现行国家标准《钢结构设计标准》GB 50017 的要求，有抗震设计要求时应满足现行国家标准《建筑抗震设计规范》GB 50011 的要求。

2）多层框架 H 形截面钢梁构件和各种楼面钢梁构件的板件允许采用较大宽厚比，但不应超过本标准第 5.4.3 条第 1 款的规定。

2 在钢梁腹板上密集开设等间距、等尺寸孔的蜂窝，梁构造与设计按本标准附录 B 执行。

3 因穿越设备管道，在钢梁腹板上按需要、局部开设不等间距、不等尺寸孔时，其构造与设计按本标准附录 C 执行。

5.5 节点设计

5.5.1 多高层钢结构住宅节点设计的模数协调应满足下列要求：

1 钢构件节点应满足建筑和结构模数协调的要求，减少、优化节点连接的种类和尺寸、构造。

2 节点连接形式的选取应以提高工厂化、标准化水平为原则，尽量减少现场的焊接工作量。

3 节点连接件的尺寸、孔洞的位置和尺寸应与结构分模数体系协调，并形成规格化的尺寸系列。在结构构件进行调整时，能方便地确定与之匹配的节点连接。

4 构件的节点连接应与建筑部件的安装配合，不应因节点连接形式和尺寸、构造的变化影响建筑部件的安装。

5.5.2 梁柱连接节点可采用刚性连接、铰接连接和半刚性连接。宜尽量采用高强螺栓连接。

5.5.3 多高层钢结构住宅主次梁节点可按下列要求设计：

1 次梁与主梁的连接宜采用铰接的形式。

2 主次梁节点设计需考虑剪力偏心对连接受力的影响，放大系数不小于 1.3。若采用压型钢板组合楼板、钢结构桁架现浇楼板、整体叠合板等楼板形式将主梁和次梁连成整体时，可不考虑该偏心作用。

5.5.4 多高层钢结构住宅梁墙节点可按下列要求设计：

1 钢梁与混凝土墙体的连接宜采用铰接的形式。

2 进行钢梁与混凝土墙连接节点设计时，节点连接及预埋件除承受重力荷载引起的剪力 V 和偏心力矩 $M=Ve$ 外（图 5.5.4-1），还应考虑由地震引起的轴力 N_{B}。

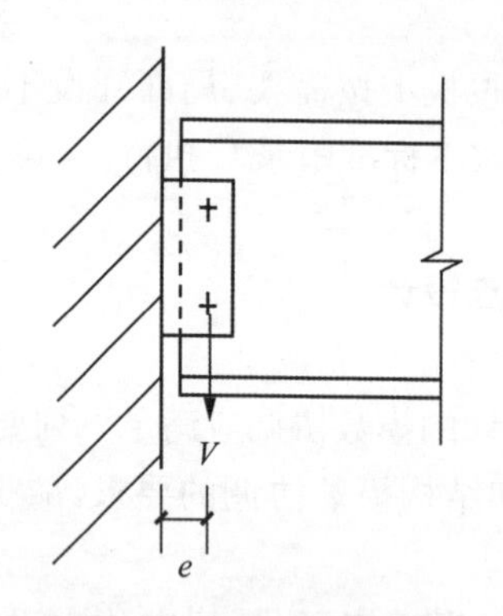

图 5.5.4-1 钢梁与钢筋混凝土墙的铰接

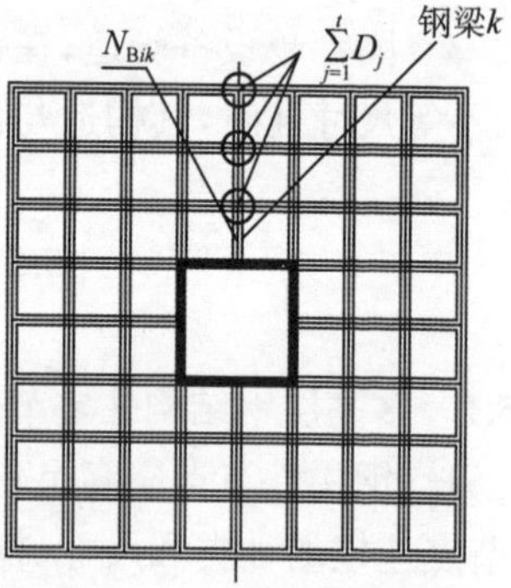

图 5.5.4-2 钢梁轴力的分配

在水平荷载作用下第 i 层的钢梁 k 所承受的轴力为（图 5.5.4-2）

$$N_{\mathrm{B}ik}=\frac{\sum_{j=1}^{t}D_j}{\sum_{j=1}^{m}D_j}N_{\mathrm{B}i} \qquad (5.5.4\text{-}1)$$

式中：$\sum_{j=1}^{m}D_j$ ——第 i 层中所有柱的抗侧移刚度之和，柱的抗侧移刚度可按 D 值法确定；

$\sum_{j=1}^{t}D_j$ ——第 i 层中在钢梁 k 轴线上并与其相连一侧所有柱（图 5.5.4-2）抗侧移刚度之和。

N_{Bi}——第 i 层钢梁所承受的地震引起的总轴力。

自地面算起在结构总高度 0.2 倍以下的梁，即当 $i<n/5$ 时，

$$N_{Bi}=6\alpha_1 mH\cdot\frac{\left[1+\left(\frac{\lambda}{n}\right)^2\right]}{n\left[1+\frac{10}{\lambda^2}\right]} \tag{5.5.4-2}$$

在结构总高度 0.2 倍以上的梁，即当 $i\geqslant n/5$ 时，

$$N_{Bi}=2\alpha_1 mH\left[\frac{\lambda^2}{6n}\cdot\frac{4+\lambda^2}{2+\lambda^2}\cdot\left(1+\frac{\lambda^2}{50}\right)-0.0471\frac{\lambda^3}{n}\right] \tag{5.5.4-3}$$

式中：α_1——相应于结构的基本周期的多遇地震影响系数值；

m——结构单位高度上的质量；

H——结构的总高度；

λ——结构刚度特征值，可按下式计算：

$$\lambda=H\sqrt{\frac{C_F}{EI_W}} \tag{5.5.4-4}$$

C_F——框架的平均层抗侧移刚度；

EI_W——核心筒所有剪力墙的平均总抗弯刚度；

n——结构的层数。

3 钢梁与钢筋混凝土墙刚接时，钢筋混凝土墙中应设置型钢。

5.5.5 多高层钢结构住宅柱脚可分为刚性连接和铰接连接两种形式。当多高层钢结构住宅有地下室时，柱脚和地下室底板可采用铰接或刚接的形式；当多高层钢结构住宅无地下室时，柱脚应采用刚接，但抗侧力体系采用减震钢结构体系时，也可采用铰接的形式。

5.5.6 节点抗震设计应按现行国家标准《建筑抗震设计规范》GB 50011 及现行行业标准《高层民用建筑钢结构技术规程》JGJ 99 进行设计。

5.6 钢结构防火

5.6.1 多高层钢结构住宅中的钢梁、钢柱、钢支撑、钢板墙、组合楼板和楼梯宜进行防火设计，结构各种构件的耐火极限应符合现行国家标准《建筑设计防火规范》GB 50016 和《建筑钢结构防火技术规范》GB 51249 的规定。

5.6.2 钢结构的防火保护可采用下列措施之一或其中几种的复(组)合：

1 喷涂(抹涂)防火涂料。

2 包覆防火板。

3 包覆柔性毡状隔热材料。

4 外包混凝土、金属网抹砂浆或砌筑砌体。

5.6.3 钢结构采用喷涂防火涂料保护时，应符合下列规定：

1 室内隐蔽构件，宜选用非膨胀型防火涂料。

2 设计耐火极限大于 1.50 h 的构件，不宜选用膨胀型防火涂料。

3 室外、半室外钢结构采用膨胀型防火涂料时，应选用性能符合环境要求的产品。

4 非膨胀型防火涂料涂层的厚度不应小于 10 mm。

5 防火涂料与防腐涂料应相容、匹配。

5.6.4 钢结构采用包覆防火板保护时，应符合下列规定：

1 防火板应为不燃材料，且受火时不应出现炸裂和穿透裂缝等现象。

2 防火板的包覆应根据构件形状和所处部位进行构造设计，并应采取确保安装牢固稳定的措施。

3 固定防火板的龙骨及粘结剂应为不燃材料。龙骨应便于与构件及防火板连接，粘结剂在高温下应能保持一定的强度，并应能保证防火板的包覆完整。

5.6.5 钢结构采用包覆柔性毡状隔热材料保护时，应符合下列规定：

1 不应用于易受潮或受水的钢结构。

2 在自重作用下，毡状材料不应发生压缩不均的现象。

5.6.6 钢结构采用外包混凝土、金属网抹砂浆或砌筑砌体保护时，应符合下列规定：

1 当采用外包混凝土时，混凝土的强度等级不宜低于C20。

2 当采用外包金属网抹砂浆时，砂浆的强度等级不宜低于M 5；金属丝网的网格不宜大于20 mm，丝径不宜小于0.6 mm；砂浆最小厚度不宜小于25 mm。

3 当采用砌筑砌体时，砌块的强度等级不宜低于MU 10。

5.6.7 连接节点的防火保护层厚度不得小于被连接构件保护层厚度的较大值。

5.7 钢结构防腐

5.7.1 钢结构的防腐蚀及涂装设计应符合现行国家标准《钢结构设计标准》GB 50017的有关规定，综合考虑结构的重要性、基材种类、环境侵蚀条件、维护条件和使用寿命以及工程造价与施工条件等因素，因地制宜，从下列方案中综合选择防腐蚀方案或其组合：

1 防腐蚀涂料。

2 各种工艺形成的锌、铝等金属保护层。

3 阴极保护措施。

4 采用耐候钢。

5.7.2 钢结构防腐蚀所采用的涂料、钢材表面的除锈等级以及防腐蚀对于钢结构的构造要求等应符合现行国家标准《钢结构设计标准》GB 50017和《涂装前钢材表面锈蚀等级和除锈等级》GB/T 8923的有关规定。在设计文件中应注明所要求的钢材除锈等级和所要使用的涂料及涂层的厚度(或镀层种类及镀层的量)。

5.7.3 钢结构防腐涂装施工的质量应满足现行国家标准《钢结构工程施工质量验收规范》GB 50205 和《建筑防腐蚀工程施工及验收规范》GB 50212 的要求。

5.7.4 除有特殊需要外,设计中一般不应因考虑腐蚀而再加大钢材截面的厚度。

5.7.5 多高层钢结构住宅的卫生间、厨房以及室外的阳台、屋面板、墙面板等易渗水、漏水使钢结构受侵蚀之处,应加强构造措施,确保安全使用。

5.7.6 对危及人身安全和维修困难的部位以及重要的承重结构和构件应加强防护。对处于严重腐蚀的使用环境且仅靠涂装难以有效保护的主要承重钢结构构件,宜采用耐候钢或外包混凝土。

5.7.7 结构防腐设计应符合下列规定:

1 在中等侵蚀环境中的承重构件,不宜采用格构式结构及薄壁型钢构件,应尽量采用实腹式或闭口截面。

2 在中等侵蚀环境中,不宜采用由角钢组成的 T 形截面或由槽钢组成的工字形截面。

3 采用型钢组合的构件,其型钢间的空隙宽度应满足防护层施工和维修的要求。

4 轻钢龙骨(冷弯薄壁型钢)体系的构件应采用热浸镀锌钢板制作,镀锌量不少于 275 g/m^2。

5.7.8 各类构件所采用钢材表面原始锈蚀等级应符合现行国家标准《涂装前钢材表面锈蚀等级和除锈等级》GB/T 8923 的有关规定,并应符合下列规定:

1 任何构件均不得采用表面原始锈蚀等级为 D 级的钢材。

2 在弱侵蚀及中等侵蚀环境中的构件,不应采用表面原始锈蚀等级低于 B 级的钢材。

3 重要的承重构件及使用中很难维护的承重构件，不应采用表面原始锈蚀等级低于B级的钢材。

5.7.9 经除锈后的钢材表面的防腐蚀涂料的选用和涂装工艺，应符合下列规定：

1 防腐涂层一般由底漆、中间漆及面漆组成，选择涂料时应考虑与除锈等级的匹配以及漆层间的匹配，不应发生互溶和咬底现象。不得使用挥发性有机化合物(VOC)含量大于40%的涂料。

2 对一般涂装要求的构件，采用2道底漆、2道面漆的做法。对涂装要求较高的构件，采用喷射或抛射除锈时，宜采用2道底漆，1道～2道中间漆及2道面漆的做法。

3 卫生间、厨房等对涂层的耐磨、耐久和抗渗性能有较高要求时，宜选用玻璃鳞片面漆及其配套涂料。

4 对表面需要特别加强防护的重要承重构件、使用期间不能重新涂装的构件，以及在中等侵蚀环境中的重要承重构件，当有技术经济合理依据时，可采用表面热喷涂锌(铝或锌、铝锌复合)涂层，并外加封闭涂料的长效复合涂层的做法；亦可采用耐候钢，耐候钢表面仍应按相关规定进行除锈及涂装。

5 室外无防火要求的构件，其涂层宜按2道底漆、1道中间漆、2道面漆的做法涂装，底层涂装宜采用热浸镀锌、环氧富锌涂料或其他先进可靠的涂装方案。

6 新建钢结构工程一般不采用带锈涂料(有化学除锈作用)作防腐涂料。

5.7.10 受中腐蚀及以上环境影响而需要防腐蚀的钢结构构件，其构造应符合下列规定：

1 主梁、柱及桁架等重要构件和矩形闭口截面构件的传力焊缝，应采用连续焊缝。角焊缝的焊脚尺寸不应小于构件厚度。闭口截面构件应沿全长和端部焊接封闭。

2 钢结构采用的焊条、螺栓、节点板等构件连接材料的耐腐蚀性能不应低于构件主体材料的耐腐蚀性能。在室外或室内湿度较大的侵蚀环境中，螺栓连接处，应增设防水垫圈、防水帽或以油膏封闭连接处缝隙。

3 对主要承重构件，由钢板组合的杆件厚度不应小于 6 mm，闭口截面的板件厚度不应小于 4 mm。

4 卫生间和厨房等的防水做法应符合防水工程的有关规定，加强防漏构造，必要时应对易接触水的构件用混凝土或沥青进行封闭。

5 钢结构节点及连接构造应避免容易积灰、积湿的角、槽，连接零件之间应有可供检查与维修的空间（净空不宜小于 120 mm）。对构造上无法避免的角、槽应尽量予以封闭。

6 钢柱脚埋入地下部分，应以强度等级较低的混凝土包覆（保护层厚度不应小于 50 mm），并应使包覆的混凝土高出地面不小于 150 mm。所埋入部分表面应做除锈处理，但可不做涂料涂装。当地下有侵蚀作用时柱脚不应埋入地下。当柱脚底面在地面以上时，柱脚底面应高出地面不小于 100 mm。

7 构件直接与铝合金金属制品等接触时，应在构件接触表面涂 1 道～2 道铬酸锌底漆及配套面漆阻隔，或设置绝缘层隔离，相互间的连接紧固件应采用热镀锌的紧固件。

8 钢结构所在住宅室内环境的湿度不宜过高，一般宜控制使长期环境湿度≤75%；当为高湿环境时，应采用有效的通风排湿措施。

5.7.11 冷弯薄壁型钢构件应按现行国家标准《冷弯薄壁型钢构件技术规范》GB 50018 的要求，采用更严格的防护和涂装措施，并应符合下列规定：

1 中等侵蚀环境的承重构件不宜采用壁厚≤3 mm（封闭截面）或≤5 mm（非封闭截面）的厚度。

2 冷弯薄壁型钢檩条等构件，可采用热浸锌薄板直接加工成型，一般不外加其他涂层。

5.7.12 用于钢结构防火涂料的防腐蚀底漆，应与防火涂料相兼容，二者应具有良好的附着力。设计要求涂装防火涂料的钢结构，其采用的防火涂料的性能、涂层厚度及质量要求应符合现行国家标准《钢结构防火涂料》GB 14907 和《建筑钢结构防火技术规范》GB 51249 的规定。

6 建筑设备

6.1 一般规定

6.1.1 建筑设备系统的设计应满足使用功能有效、运行安全、维护方便的基本要求。

6.1.2 建筑设备管线设计应相对集中、布置紧凑、合理占用空间，应与住宅室内全装修同步设计。

6.1.3 用于本套住宅的建筑设备不应设置在其他套的住宅空间内。

6.1.4 管道与管线穿过钢梁或钢柱时，应与梁柱上的预留孔留有空隙，或空隙处采用柔性材料填充；当穿越防火墙或楼板时，应设置不燃型的套管，管道与套管之间的空隙应采用不燃、柔性材料填封。管道不得敷设在剪力墙内。钢构件的机电管线穿孔宜在钢结构厂制作，其位置及孔径应与机电专业共同确定。

6.1.5 管道波纹补偿器、法兰及焊接接口不应设置在钢梁或钢柱、防火墙或楼板的预留孔中。

6.1.6 在具有防火保护层的钢结构上安装管道或设备支吊架时，通常应采用非焊接方法固定；当必须采用焊接方法时，应与钢结构专业协调，被破坏的防火保护层应进行修补。

6.2 给排水

6.2.1 住户水表宜设于户外。住宅单元的给水系统和消防系统总阀门应设置在住户套外公用部位。

6.2.2 给水总干管、雨水管和消防管不应布置在住户套内。

6.2.3 给水系统与配水管道、配水管道与部品的接口形式及位置应便于维修更换。

6.2.4 给水分水器与用水器具的管道接口应一对一连接，管道中间不得出现接口，并宜采用装配式的管线及其配件连接。给水分水器设置位置应便于检修，并宜有排水措施。

6.2.5 给水管道应进行管道外壁结露验算，采取相应的防结露措施。

6.2.6 多高层钢结构住宅应选用耐腐蚀、使用寿命长、降噪性能好、便于安装及更换的管材、管件以及密闭性能好的阀门设备。

6.2.7 卫生间排水应采用同层排水方式。

6.2.8 穿越墙板和钢柱的管道应有支架固定。

6.2.9 高层钢结构住宅塑料排水管管径大于等于 110 mm，在穿越以下部位时，必须设置防止火势蔓延的阻火圈：

1 不设管道井或管窿的立管穿越楼板时的楼板下侧管道上。

2 横管穿越防火分区隔墙和防火墙的两侧的管道上。

3 横管穿越管道井或管窿时的井壁外侧管道上。

6.3 供暖、通风与空调

6.3.1 供暖系统设计应满足下列要求：

1 供暖系统宜采用热水作热媒。

2 集中供暖系统中需要专业人员操作的阀门、仪表等装置不应设置在套内的住宅单元空间内。

3 供暖系统中的散热器、管道及其连接管配件等应满足系统承压的要求。

4 供暖管道应按现行国家标准《民用建筑供暖通风与空气调节设计规范》GB 50736 的要求做保温处理；当管道固定于梁柱

等钢构件上时，应采用绝热支架。

5 钢梁柱的预留孔与穿越管道之间的空隙应充分考虑管道热膨胀的变形量。

6.3.2 通风与空调系统设计应满足下列要求：

1 通风与空调系统的风管材料应采用不燃材料制作。

2 空调冷热水、冷凝水管道、室外进风管道及经过冷热处理的空气管道应遵照相关规范的要求采用防结露和绝热措施，空调冷热水管道应采用绝热支架固定。

3 室内外空调机之间的冷媒管道应按产品的安装技术要求采取绝热措施。

4 空调室内机组的冷凝水和室外机组的融霜水应有组织地排放。

5 通风机安装时应设置减振、隔振装置。

6 空调室外机组直接或间接地固定于钢结构上时，应设置减振、隔振装置。

6.3.3 集中冷热源的供暖空调系统，应在公共部位设置用户计量装置，或采用具有远传功能的用户计量装置。

6.3.4 供暖、空调水管道穿过防火分隔墙、楼板及管道井壁时应设置钢套管，套管内径应不小于该管道绝热层外径，并采用不燃、耐高温绝热材料填充。

6.3.5 供暖空调冷热水管的固定支座设于钢结构上时，应考虑管道热膨胀推力对钢结构的影响。

6.4 燃 气

6.4.1 居民生活用燃气应采用低压供应。

6.4.2 居民生活用燃具应设置在通风良好的厨房，并宜设置排风扇和燃气泄漏报警器。

6.4.3 燃气热水器应设置在厨房或服务阳台内有通风条件的部位。

6.4.4 燃气热水器应安装在坚固耐火的墙面上。当安装在非耐火墙面时，应在热水器背后衬垫隔热耐火材料，其厚度不小于10 mm，四周超出热水器外壳在100 mm以上。

6.4.5 燃气管的管材宜采用热镀锌钢管、铜管、不锈钢波纹管和其他符合相关标准的管材。

6.4.6 阀门应采用燃气专用阀门。

6.4.7 室内燃气管道应明敷。

6.4.8 穿越楼板的燃气立管应设置在套管中，套管直径应比燃气管直径大两档，套管的上端应高出楼板80 mm～100 mm，下端与楼板平齐，套管与燃气管之间用不燃材料填实。

6.4.9 高层钢结构住宅用气应有下列安全措施：

1 在燃气立管的底部应设置承重支承，每隔2层～3层设置限制水平位移的支承。

2 燃气立管高度为60 m～120 m时，应设置不少于一个固定支承；固定支承和底部支承之间应设置伸缩补偿器。

3 天然气立管高度超过81 m时，应采取消除附加压力的措施。

6.5 电　气

6.5.1 多高层钢结构住宅的用电负荷计算、供配电设计、照明设计等应符合现行上海市工程建设规范《住宅设计标准》DGJ 08—20、《居住建筑节能设计标准》DGJ 08—205及现行其他有关标准的规定。

6.5.2 电缆桥架、母线应满足模数化敷设方式，并利用钢结构接地。管线应采用暗敷的形式。墙体内现场敷设电管时，不应损坏墙体构件。

6.5.3 防雷及安全接地应满足下列要求：

1 应按现行国家标准《建筑物防雷设计规范》GB 50057确定多高层钢结构住宅建筑物的防雷类别，并按防雷分类设置完善的防雷设施。

2 防雷接地宜与电源工作接地、安全保护接地等共用接地装置。防雷引下线和共用接地装置应充分利用建筑和结构本身的金属物。

3 电源配电间和设洗浴设备的卫生间应设等电位联结的接地端子,该接地端子应与建筑物本身的钢结构金属物连接。金属外窗应与建筑物本身的钢结构金属物连接。

4 电气设备利用钢结构接地,采用的焊条、螺栓、接地板等构件连接材料的耐腐蚀性能不应低于构件主体材料的耐腐蚀性能。

6.6 住宅智能化

6.6.1 住宅智能化设计和设备的选用应考虑技术的先进性、设备的标准化、网络的开放性、系统的可靠性及可扩性,并结合现代信息传输技术、网络技术和信息集成技术的装备水平,应满足现行上海市工程建设规范《住宅设计标准》DGJ 08—20 及现行其他有关标准的要求。

6.6.2 多高层钢结构住宅小区智能化设计应符合下列规定:

1 多高层钢结构住宅小区安全技术防范系统的设计应符合现行上海市地方标准《住宅小区安全技术防范系统要求》DB 31/294 的规定。

2 多高层钢结构住宅小区内通信管线、有线电视管线及其他弱电管线的设计应统一考虑,宜采用共建共享方式。

3 多高层钢结构住宅小区移动通信系统应满足现行上海市工程建设规范《住宅小区移动通信系统设计和验收规范》DG/TJ 08—2107及现行其他有关标准的要求。

6.6.3 多高层钢结构住宅的智能化设计应符合下列规定:

1 每套住宅应设置住户信息配线箱,电视、通信(电话和数据)等管线应通过信息配线箱汇接和引出。当箱内安装有源设备时,应提供交流电源。

2 每套住宅应光纤入户。

3 在住宅主卧室、起居室、书房等房间应设置双孔信息插座,其他卧室宜设置信息插座。

4 高层住宅的每个单元应设置电信间,低层及多层住宅可不设电信间。电信间应有电源插座和接地端子。

5 电梯轿厢内应设置紧急呼叫按钮或报警电话,信号引至值班室或住宅小区消防及安保控制室。

6 住宅应设置楼宇访客对讲和单元门电动控制装置,系统设计宜具有视频功能。设置在住宅小区出入口和住宅单元的访客对讲门口机、住宅室内对讲分机应与安保中心联网。

7 当居住区域设置安保管理中心或值班室时,住户内应设置紧急呼叫求助装置,信号接至居住安保管理中心或值班室。

7 制作安装与验收

7.1 一般规定

7.1.1 部品部(构)件的生产企业应具有相应的技术标准、生产工艺设施以及安全、质量、环境和职业健康管理体系。施工安装单位应具备相应的安全、质量、环境和职业健康管理体系。

7.1.2 部品部(构)件宜在工厂进行生产制作。部品部(构)件生产和安装前,应编制生产制作和安装工艺方案,并应在生产和安装过程中严格执行。

7.1.3 部品部(构)件生产和施工安装前,应具备符合设计要求的构件深化设计图或产品设计图。施工安装实施前,应编制施工专项方案和安全专项施工方案。采用减震耗能构件时,施工安装工艺应满足其技术特性和设计要求。

7.1.4 施工人员应接受相关专业培训,特殊工种人员应持特殊工种操作证上岗,焊工应另持合格的焊工资格证书。

7.1.5 多高层钢结构住宅的制作安装与施工宜采用信息化技术进行全过程的信息化协同管理。

7.2 部品部(构)件的制作与运输

7.2.1 部品部(构)件制作用材料,应具有合格的质量证明书、中文标志、检验报告等,其品种、规格、性能指标应符合国家现行产品标准,且应满足设计要求。

7.2.2 部品部(构)件加工应根据设计图和其他有关技术文件编

制钢构件、预制楼板和其他必要的部件深化设计图，其内容包括设计总说明、构件清单、布置图、加工详图、安装节点详图等。部品部(构)件加工制作前，应根据施工详图和工艺文件进行放样。

7.2.3 钢构件制作的材料应满足下列要求：

1 钢材应有质量证明书，并应符合设计要求及国家标准的规定。钢材断口处不应有分层、夹渣、表面锈蚀、麻点；表面划痕不应大于钢材厚度负偏差的一半。对质量有疑义的材料应进行复验。

2 所用焊接材料应有出厂质量说明书，并符合设计要求，严禁使用药皮脱落或焊芯生锈的焊条。焊丝使用前应清除油污、锈渍。焊接材料使用前应根据相关规范要求进行烘烤。

3 螺栓、螺母、垫圈应配套，均应附有质量说明书，并符合设计要求和国家标准的规定；锈蚀、碰伤或螺纹损伤，螺栓、螺母不配套，或混批的高强螺栓，不应使用。

4 防腐涂料的品种、牌号、颜色及配套底漆，应符合设计要求和国家标准的规定，并有质量说明书。

7.2.4 钢构件制作的作业条件应满足下列要求：

1 制作前应根据设计单位提供的设计资料绘制构件加工详图。

2 应按图纸技术要求和规范要求编制制作工艺并向操作者进行技术交底。

3 制作设备应处于完好状态。

4 应按设计要求对钢材进行复验，质量应符合要求。同时备齐配套的焊接材料及其他材料。

5 计量器具应经计量部门鉴定合格并应在有效期内。

6 焊接材料应保持干燥，焊接工件应在焊接前进行干燥处理，不应有油、锈和其他污物。

7 采用气体保护焊，当风速超过 2 m/s 时，应采用挡风装置，对焊接现场进行有效防护后方可开始施焊。

8 雨、雪天气，当无有效防护措施时应禁止焊接。

9 焊接作业区的相对湿度不应大于90%。

10 焊接作业区环境温度低于0 ℃但不低于−10 ℃时，应采取加热或防护措施，确保构件焊接处各方向不小于2倍板厚且小于100 mm范围内的母材温度不低于20 ℃或规定的最低预热温度二者的较高值，且在焊接过程中不应低于这一温度。焊接环境低于−10 ℃时，必须进行相应环境下的工艺评定试验，合格后方可进行焊接。

7.2.5 钢构件加工制作工艺和质量应满足现行国家标准《钢结构工程施工规范》GB 50755和《钢结构工程施工质量验收规范》GB 50205的要求。当设计没有要求时，钢结构加工制作的构件长度宜取相当于2至4个楼层的高度，并应满足下列要求：

1 钢板切割、拼接、矫正应满足下列要求：

钢板可采用自动或半自动切割机进行切割，切边必须平整，为保证切割机能连续切割，宜采用管道供氧切割。切割的钢板应进行矫平。钢板拼装焊缝宜采用自动或半自动埋弧焊，正确使用引弧板与熄弧板。宜采用多辊矫平机或火焰矫正拼接钢板。

2 钢板下料应满足下列要求：

翼板、腹板下料宜采用数控切割机进行，切割后应矫平。下料应预留合理的焊接收缩余量、切割割缝余量及二次加工余量。

3 钢板坡口处理、组立应满足下列要求：

组装坡口用氧-乙炔焰切割后表面不合格时，可采用砂轮机进行修整，注意控制坡口角度及钝边。组立宜在组立机上进行，保证尺寸准确。

4 钢板焊接应满足下列要求：

1）焊接前应清除焊接接头及其周围的油、锈、水分及其他污物。应按作业指导书要求，选择正确的焊接材料、焊接设备与焊接工艺参数并进行施焊，必要时应按有关规定进行焊接工艺评定并根据工艺评定制定焊接作业指导书。

2）H 型钢宜采用埋弧自动焊焊接，焊接应采取合理焊接顺序、减少焊接变形量。

3）圆管型截面柱的焊缝对接宜在专用工装上进行，工装托轮带动工件匀速转动，电焊宜在平焊或坡立焊位置进行。

4）箱型截面柱的焊接：U 形件隔板焊接完成后，应进行焊缝外观及无损探伤检验。进行电渣焊时，通过预留钻孔在同一隔板两侧电渣焊应同时施焊，并应对电渣焊缝进行无损检测。主焊缝宜采用 V 形坡口埋弧自动焊并进行无损检测，如有变形，宜采用火焰校正或机械矫正。

5）厚度大于 40 mm 或有设计要求的厚板下料前应进行钢板厚度方向力学性能试验。焊接时，宜采用低氢型、超低氢型焊条或气体保护焊施焊，并宜适当提高预热温度、采取焊后缓冷以及窄焊道焊接、合理焊接顺序等工艺措施。

5 构件矫正应满足下列要求：

构件焊接后，几何形状因焊缝收缩而挠曲，应进行矫正。矫正可采用机械矫正法或加热矫正法。

6 构件端面加工应满足下列要求：

构件的端部加工应在矫正后进行，并应采取必要措施，确保铣削端面与钢柱轴线的垂直度，同时应保证箱型钢柱最上层隔板至钢柱顶面的轴向尺寸。

7 摩擦面加工应满足下列要求：

采用高强螺栓连接时，应对连接板摩擦面进行加工处理，可采用喷砂、抛丸和砂轮打磨等方法。经处理的摩擦面应采取防油污和损伤的保护措施。摩擦面应进行抗滑移系数试验与复验，并出具试验报告。

8 附件的组装应满足下列要求：

组装前应首先检查 H 形截面梁、柱、圆管型截面柱、箱型截面柱等半成品以及牛腿、柱脚板、梁的端板等附件，确认上述零、部件合格后方可进行组装。组装平台可由型钢搭设，高度约 0.5 m，确保平面度。除保证组装尺寸外，应严格控制焊接接头坡口、钝边尺寸精度和定位焊缝质量，定位焊缝所用焊接材料应与母材材质匹配。批量生产时应执行首件检验制度。

9 抛丸除锈清理应满足下列要求：

构件应在尺寸检验和焊缝无损检测合格后方可进行抛丸除锈清理，在进入抛丸清理机之前，操作者应首先进行构件的标记移植，清理完毕在规定位置上重新进行构件标记。

10 涂装应满足下列要求：

油漆前应彻底清除铁锈、焊渣、毛刺、油污、水和泥土等，除锈宜采用机械除锈，并达到设计规定的除锈等级。当设计无要求时，宜选用喷砂或抛丸除锈方法，除锈等级不低于涂料产品说明书的要求。

7.2.6 涂装作业应按现行国家标准《钢结构工程施工规范》GB 50755 的规定执行，并符合下列规定：

1 钢结构防腐涂装工程应在钢结构构件组装、预拼装或结构安装工程检验批的施工质量验收合格后进行。

2 涂装前钢材表面除锈应符合设计要求和本标准第 4.7 节的规定。钢材的尖角应打磨成斜切角或圆角，并保证处理后表面没有焊渣、焊疤、灰尘、油污、水、药皮、飞溅物、氧化铁皮和毛刺等后再进行涂装。

3 经除锈后的钢材表面在检查合格后，宜在 4 h 内进行涂装，在此期间表面应保持洁净，严禁沾水、油污等。在车间内作业或在湿度较低的晴天不应超过 12 h。

4 涂料、涂装道数、涂层厚度均应符合设计要求。当设计对于涂层厚度无要求时，一般涂装 4 道～5 道，涂层干漆膜的总厚度：室外应为 150 μm，室内应为 125 μm，每道涂层干漆膜厚度的允许偏差为－5 μm，总的允许偏差不应大于－25 μm。

5 涂装固化温度应符合涂料产品说明书的要求；当产品说明书无要求时，涂装固化温度以 5 ℃～35 ℃为宜。

6 施工环境相对湿度不应大于 85％，构件表面有结露时不得涂装。

7 涂料的施工，可采用刷涂、滚涂、喷涂或高压无气喷涂。涂层厚度必须均匀，不得漏涂或误涂。涂装后的漆膜外观应均匀、平整、丰满而有光泽，不允许出现有咬底、裂纹、剥落、针孔等缺陷。

8 漆膜固化时间与环境温度、相对湿度和涂料品种有关，每道涂层涂装后，表面至少在 4 h 内不得被雨淋和沾污。

9 构件涂底漆后，应在明显位置标注构件代号，代号应清晰完整。

10 施工图中注明暂不涂底漆的部分不得涂漆，待安装完毕后补涂。除设计有涂装要求以外的高强螺栓摩擦连接面不得涂装。

11 涂装结束，涂层自然养护后方可使用。

12 结构的现场焊缝、高强度螺栓及其连接节点，以及在运输安装过程中构件涂层被磨损的部位，应补刷涂层。涂层应采用与构件相同的涂料和相同的涂装工艺。

13 在弱侵蚀环境和中等侵蚀环境的构件，应进行涂层附着力测试，在检测处范围内，当涂层完整程度达到 70％以上时，涂层附着力达到合格质量标准的要求。

7.2.7 钢构件焊接宜采用自动焊接或半自动焊接，并应按评定合格的工艺进行焊接。焊缝质量应符合现行国家标准《钢结构工程施工质量验收规范》GB 50205 和《钢结构焊接规范》GB 50661 的规定。除符合现行国家标准《钢结构焊接规范》GB 50661 规定的免予评定条件者外，生产单位首次采用的钢材、焊材及焊接工艺等各种参数的组合条件，应按有关规定进行焊接工艺评定。

7.2.8 高强度螺栓孔宜采用数控钻床控制和套模制孔，制孔质量应符合现行国家标准《钢结构工程施工质量验收规范》GB 50205 的规定。

7.2.9 钢构件与墙板、内装部品的连接件宜在工厂与钢构件一起加工制作。

7.2.10 钢部(构)件制作上下道各工序间、各专业工序间应按相关技术标准进行质量交接检验,并有相应的检验记录。

7.2.11 预制楼板生产应符合下列规定:

1 压型钢板应采用成型机加工,成型后基板不应有裂纹。

2 钢筋桁架楼承板应采用专用设备加工。

3 钢筋混凝土预制楼板加工应符合现行行业标准《装配式混凝土结构技术规程》JGJ 1 的规定。

7.2.12 制作墙板的板材应具有产品出厂合格证、中文说明书、设计要求的各项性能检测报告,定型产品和成套技术应具备型式检验报告。

7.2.13 部品部(构)件组装前,应按照施工详图、组装工艺及有关技术文件核对组装用零部件的材质、规格、外观、尺寸、数量等,且宜在部件组装、焊接、矫正并经检验合格后进行组装。

7.2.14 合同要求、设计文件规定或其他有必要的情况下,部品部(构)件应在出厂前进行预拼装。预拼装可采用实体预拼装或数字化预拼装的方法。

7.2.15 生产单位宜建立质量可追溯的信息化管理系统和编码系统。部品部(构)件的标识应符合下列规定:

1 每个部品部(构)件加工制作完成后,应在部品部(构)件近端部一处表面标注标识。大型部品部(构)件应在多处易观察位置标注相同标识。

2 部品部(构)件标识内容应包括工程名称、部品部(构)件规格与编号、部品部(构)件长度与重量、制作日期、加工者工号、检验员工号、制造厂名称。

3 对于内部有重要零部件的封闭式部品部(构)件或外部连

接需要明确方位的部品部(构)件,应在标识中标明内部零部件的方位或外部连接方位。

4 对于分段制作的大型部品部(构)件,除应标示上述标识内容外,尚应标明分段编号、段间连接顺序编号。

5 对于有特殊功能或作用的部品部(构)件,除应标示上述标识内容外,尚应标明技术指标及堆放、运输要求。

7.2.16 部品部(构)件的运输方式应根据其特点、工程要求等确定,在出厂前进行包装,保证在运输及堆放过程中不破损、不变形。对于超宽、超高的大型构件,运输和堆放应制定专项方案。

7.3 部品部(构)件的安装

7.3.1 原材料或部品部(构)件进场后应进行检查和验收。部品部(构)件安装现场宜设置专门的部品部(构)件堆场,并应有防止部品部(构)件表面污染、损伤及保护安全的措施。

7.3.2 部品部(构)件安装应按照施工组织设计和施工专项方案进行。部品部(构)件安装前,应根据设计施工图和安装要求,编制测量专项方案。有必要时,部品部(构)件安装施工尚应进行施工阶段结构分析与验算以及部品部(构)件吊装验算。

7.3.3 隐蔽工程应在隐蔽前进行检查验收,并应形成验收文件。

7.3.4 钢结构安装前应做好下列准备工作:

1 技术准备应满足下列要求:

钢结构安装前应根据钢结构工程的特点、难点编制钢结构安装工程施工方案和安全专项施工方案,并应对施工班组进行书面的安全、技术交底。

2 材料准备应满足下列要求:

1) 安装用高强度螺栓、普通螺栓、焊接材料、栓钉等材料应满足现行有关国家标准的要求,并应具有产品质量证明书等质量证明材料。

2）高强度螺栓连接在安装前应对连接副和摩擦面进行检验和复验，合格后方可进行安装。

3 施工设备准备应满足下列要求：

1）根据工程特点合理配备施工机具、设施，包括吊装索具、矫正器具、操作安全设施等，并应保持设备完好，各种仪表、安全装置齐全、可靠。

2）安装所使用的计量器具、测量仪器应经过检定合格后方可使用，安装所用测量工具应与制作测量工具使用相同的检定标准。

4 人员准备应满足下列要求：

1）应根据钢结构安装工程量制定劳动力计划，并对施工人员进行上岗前安全、技术培训。

2）安装的焊工应经培训考试合格，取得工程建设焊工合格证后，方可参加钢结构安装的焊接工作。

3）特殊工种人员应持特殊工种操作证上岗，焊工应另持合格的焊工资格证书。

5 钢构件的运输与存放应满足下列要求：

1）钢构件应按进场计划分期、分批、配套进场，减少构件占用堆放场地。

2）钢构件的运输、存放应采取相应的技术措施，以保护成品不受损坏。

6 构件质量检查应满足下列要求：

1）应核查钢构件制作单位提供的各种质量验收记录文件。

2）应对钢构件进行现场复查，不合格构件应进行修复。

7 基础复验应满足下列要求：

建筑物的定位轴线、基础上柱的定位轴线和标高、地脚螺栓的规格和位置、地脚螺栓紧固、轴力应满足设计文件及现行国家标准《钢结构工程施工质量验收规范》GB 50205 的要求。

7.3.5 钢结构安装应满足下列要求：

1 测量放线应满足下列要求：

1）柱的定位轴线应从地面控制轴线直接引上，不应从下层柱的轴线引上。

2）结构的楼层标高可按相对标高或设计标高进行控制。

2 钢构件的安装应满足下列要求：

1）构件安装顺序，应选择可先期形成单元刚度的部位开始，竖向一般由下向上逐件安装。

2）对容易变形的钢构件应进行强度和稳定性验算，不足时应采取加固措施。

3）安装单元的全部钢构件完毕后，应形成空间刚度单元。

4）钢结构的柱、梁、屋架、支撑等主要构件安装就位后应及时进行校正、固定，当天安装的钢构件应形成稳定的空间体系。

5）利用安装好的钢构件吊装其他构件和设备时应征得设计单位同意，并应进行验算，采取相应措施。

6）安装使用的塔式起重机与主体结构相连时，其连接装置应进行计算，并应根据施工荷载对主体结构的影响，采取相应的措施。

7）钢构件的连接节点，应检查合格后方可紧固或焊接。

8）钢构件安装和混凝土楼板施工应相继进行，两项作业不宜超过 3 层。如需超过 3 层时，应由设计部门和专业质量管理部门协商处理。

9）楼板施工时以钢梁做模板支承的，应进行荷载验算，并根据验算结果进行临时支撑。

3 钢结构的校正应满足下列要求：

1）柱在安装校正时，水平偏差应校正到本标准规定的允许偏差以内，垂直偏差应符合相关规范要求。

2）结构安装时，应注意日照、焊接等温度变化引起的热影响对构件的伸缩和弯曲的变化，并应采取相应措施。

3）在安装柱与柱之间的主梁构件时，应对柱的垂直度进行监测。除监测一根梁两端柱子的垂直度变化外，还应监测相邻各柱因梁连接而产生的垂直度变化。

4）各种构件的安装质量检查记录，应为该部分结构安装完毕后的最后一次实测记录。

7.3.6 钢结构安装的焊接应满足下列要求：

1 高层钢结构安装焊接前应按规定进行焊接工艺评定，拟定焊接工艺作业指导书。焊接工艺评定的方法应符合现行国家标准《钢结构焊接规范》GB 50661 的有关规定。

2 参加焊接的焊工应经过培训取得工程建设焊工合格证，其合格项目应与所施焊的项目一致，且在有效期内。

3 焊条、焊丝、焊剂等焊接材料应与母材相匹配，并应在使用前按规定进行烘焙和存放。

4 焊接前应将坡口内及两侧的油、锈、水、脏物清除干净，使材料露出金属光泽，垫板应靠紧。

5 施焊现场的相对湿度等于或大于 90%以上时，应停止焊接。采用气体保护焊且风速在 2 m/s 以上，或采用手工电弧焊且风速在 8 m/s 以上时，应设置挡风装置对焊接现场进行防护。

6 构件接头的现场焊接应在安装流水区段内主要构件的安装、校正、固定完成后进行，并严格按编制的焊接顺序组织施焊。

7 柱与柱对接应由下层往上层的顺序焊接，并应对称施焊，且钢梁两端不能同时施焊。栓焊混合节点宜在螺栓初拧后施焊，再终拧。

8 焊缝施焊后应在工艺规定的焊缝及部位打上焊工钢印。焊工自检和质量检查员所做的焊缝外观检查以及超声波检查，均应有书面记录。

7.3.7 高强度螺栓安装应满足下列要求：

1 安装前应检查螺栓孔的尺寸，彻底清除孔边毛刺、焊渣等。

2 施工所用的扭矩扳手，其扭矩误差不应大于±5%；校正用的扭矩扳手，其误差不应大于±3%。

3 高强度螺栓连接安装时，在每个接点上应穿入临时螺栓和冲钉数量，由安装时承受的荷载计算确定。

4 不应使用高强度螺栓兼作临时螺栓，经检查确认符合要求后方可安装高强度螺栓，其穿入方向应以施工方便为准，并力求一致。高强度螺栓终拧以后，螺栓丝扣外露应为2扣～3扣。

5 安装时不应强行穿入，严禁气割扩孔。

6 安装高强度螺栓时，构件的摩擦面应保持干燥，不应在雨中作业。

7 初拧、终拧完毕后应涂以标记。当天安装的高强度螺栓，当天应终拧完毕。

8 初拧、终拧均应按一定的顺序进行，对于一般接头，应从中间向外侧进行紧固。

9 焊接和高强度螺栓并用的连接，当设计无特殊要求时，应按先栓后焊的顺序施工。

7.3.8 钢结构验收合格后应对连接节点和破坏的涂层进行补涂，其质量应符合设计和有关规范的要求，并应符合下列规定：

1 构件在运输、存放和安装过程中损坏的涂层以及安装连接部位损伤的涂层应进行现场补漆，并应符合原涂装工艺要求。

2 构件表面的涂装系统应相互兼容。

3 防火涂料应符合国家现行有关标准的规定。

4 现场防腐和防火涂装应符合现行国家标准《钢结构工程施工规范》GB 50755和《钢结构工程施工质量验收规范》GB 50205的规定。

7.3.9 钢结构工程测量应符合下列规定：

1 钢结构安装前应设置施工控制网；施工测量前，应根据设计图和安装方案，编制测量专项方案。

2 施工阶段的测量应包括平面控制、高程控制和细部测量。

7.3.10 钢结构安装和连接施工，应符合现行国家标准《钢结构工程施工规范》GB 50755、《钢结构焊接规范》GB 50661 及现行行业标准《钢结构高强度螺栓连接技术规程》JGJ 82 的规定。

7.3.11 钢管内的混凝土浇筑应符合现行国家标准《钢管混凝土结构技术规程》GB 50936 和《钢-混凝土组合结构施工规范》GB 50901 的规定。

7.3.12 压型钢板组合楼板和钢筋桁架楼承板组合楼板的施工应符合现行国家标准《钢-混凝土组合结构施工规范》GB 50901 的规定。

7.3.13 混凝土叠合楼板施工应符合下列规定：

1 应根据设计要求或施工方案设置临时支撑。

2 施工荷载应均匀布置，且不超过设计规定。

3 端部的搁置长度应符合设计或国家现行有关标准的规定。

4 叠合层混凝土浇筑前，应按设计要求检查结合面的粗糙度及外露钢筋。

5 施工前宜考虑楼板安装校正的工艺构造，预留校正所需的构造配件。

7.3.14 预制混凝土楼梯的安装应符合现行国家标准《混凝土结构工程施工规范》GB 50666 和现行行业标准《装配式混凝土结构技术规程》JGJ 1的规定。

7.3.15 轻质墙板墙体的施工应满足下列要求：

1 墙板材料应满足下列要求：

1）墙板生产企业应有产品生产标准、质量检测标准。

2）连接铁件应采用镀锌件或不锈钢件，镀锌量应符合设计规定；对于现场焊缝应做好防锈措施。

3）轻质板材其他专用材料应有产品检测报告和合格证，满足设计要求。

2 施工前的准备应满足下列要求：

1）墙板卸车应采用吊车或叉车；板材应采用宽幅尼龙吊带兜底起吊，严禁用钢丝绳兜底吊运。

2）板材堆放场地应坚实、平整、没有积水，轻质墙板露天堆放宜采取覆盖措施，防止污染和雨水浸湿；轻质规格板材堆放方式及高度要求需满足有关标准要求。

3 施工工艺及技术措施应满足下列要求：

1）墙板安装前，应根据土建图纸进行轻质墙板的深化设计和设计墙体的布置，选择安装节点及安装方式（蒸压轻质加气混凝土板安装节点适应层间变位能力选用应按表 7.3.15 执行）。同时，根据主体结构基准线确认墙板安装位置，经现场工程师复核后，弹出板材安装控制线。

表 7.3.15 蒸压轻质加气混凝土板安装节点适应层间变位能力选用表

序号	安装方法	可承受的层间位移角				
		1/50	1/100	1/120	1/150	1/200
1	竖装墙板插入钢筋法					○
2	竖装墙板插入钢筋法＋螺栓固定					○
3	竖装墙板滑动工法			○	◎	◎
4	竖装墙板下滑动 ＋上滑动螺栓				○	◎
5	竖装钩头螺栓法			○	○	○
6	竖装钢管锚（内置锚）法	◎	◎	◎	◎	◎
7	竖装墙板摇摆工法（ADR 法）	◎	◎	◎	◎	◎
8	横装斜柄连接件法			○	○	○
9	横装墙板螺栓固定工法		○	○	○	◎
10	横装钩头螺栓法		○	○	○	◎
11	横装滑动螺栓法		○	○	◎	◎
12	横装钢管锚（内置锚）法	○	○	◎	◎	◎
13	横装墙板摇摆工法（ADR 法）	○	○	◎	◎	◎

注：表中“○”表示少数轻微损坏，“◎”表示基本完好。

2）安装应由具备安装资质的施工企业或经过培训合格的专业安装施工队承担；开工前应提交墙板安装施工方案，经监理审核签字批准后实施。

3）安装门窗洞口加固钢材及其他辅助钢材时，钢材的规格尺寸，焊缝的长度、厚度都应满足设计要求，钢材加工焊接质量应满足现行国家标准《钢结构工程施工质量验收规范》GB 50205 的要求。

4）安装节点应保证位置正确、强度可靠、构造合理、满足设计要求。

5）板材墙体安装质量及偏差应符合相关规范的规定。

6）墙板应按设计要求留变形缝，缝内填发泡剂或岩棉（有防火要求时）。

7）墙板安装完成后，应将板缝修补整理平直，清理干净，外墙面板缝须做防水密封处理。内墙板缝须用专用勾缝材料做平。

8）板材墙体对多水环境如卫生间等可采取墙根浇混凝土导墙等措施；墙面不宜厚层砂浆粉刷，如需要粉刷，宜先用丙乳液满刷板面一遍，再用专用界面剂或专用防水界面剂刮 1 mm～2 mm 一层，并采用聚合物砂浆或防水砂浆薄层粉刷。

9）板材墙体上不宜横向开槽，纵向开槽不宜大于 1/3 板厚。当必须沿板的横向切槽时，外墙板槽长不宜大于 1/2 板宽，槽深不宜大于 20 mm，槽宽不应大于 30 mm；内墙板槽深度不应大于 1/3 板厚。开槽时应弹线，并采用专用工具开槽。管线应安装牢固，宜采用聚合物砂浆或专用修补材料分两次补平。

4 内外墙饰面应按各种轻质板材的专门规定选用。

7.3.16 轻质砌块墙体的施工应满足下列要求：

1 轻质砌块材料应满足下列要求：

1）多高层钢结构住宅采用的轻质砌块应为工厂化生产的高性能轻质砌块。砌块应具有产品标准，出厂时应提供产品合格证和质量检测报告，并满足国家、行业和地方相关标准的要求。

2）轻质砌块应采用专用砌筑砂浆砌筑或称专用粘结剂，专用砌筑砂浆应适合于轻质砌块，符合产品质量标准，应提供合格证和质量检测报告。

3）轻质砌块墙面装修宜配套适宜的装饰材料。

2 施工前的准备应满足下列要求：

1）轻质砌块出厂时应采用托板码放成垛，包扎整齐采用塑料薄膜覆盖等防止雨水，防止污染措施。

2）轻质砌块宜采用吊车或叉车装卸；宜用汽车直接将产品从工厂运到施工现场，减少转运造成的损坏。

3）轻质砌块进入施工现场时，应由监理和施工单位按规定进行质量检查和外观检查。

4）进场轻质砌块应堆放在坚硬平整无积水场地上，并尽可能一次送达作业面。堆放时，堆放高度不宜超过 2 m。

3 施工工艺及施工措施应满足下列要求：

1）墙体砌筑前应进行测量，放线。

2）砌筑应采用专用工具，配块应用锯割，禁止砍剁。

3）砌筑前宜进行排块。排块应拼缝平直，上下层交错布置，错缝搭接不应小于 1/3 块长，且不应小于 100 mm。

4）轻质砌块填充墙两端和顶面与柱、梁相接处应留 10 mm～15 mm 宽缝隙，内填发泡剂 。

5）砌筑底部第一皮砌块时，宜用 1∶3 水泥砂浆铺底座浆。以上各层砌块均应带线砌筑，并保证粘结剂饱满均匀，缝宽 2 mm～3 mm。

6）轻质墙体两端和墙柱相接处，每 600 mm 高度以内，应用专用拉接件拉接；当内隔墙墙体长度大于 5 m 时，墙顶每 1 200 mm 应用专用拉接件和梁板底连接。

7）丁字墙或转角墙应同时砌筑，如不能同时砌筑时，应留斜搓，不能留马牙搓或老虎搓。

8）砌筑时应随时用水平尺和靠尺检查，发现超标时应及时调整。在砌筑后的 24 h 内不得敲击切凿墙体。

9）门窗洞口过梁应优先选用与轻质砌块同质材料的配筋过梁，也可用钢筋混凝土过梁或钢梁。

10）门窗框安装宜采用在洞口四周每 400 mm～500 mm 预埋混凝土预制块或门窗框直接用尼龙锚栓固定的方法安装，尼龙锚栓距轻质墙面厚度方向的最小边距应大于等于 50 mm。

11）砌块墙体对多水环境如卫生间等可采取墙根浇混凝土导墙等措施，并采用薄层聚合物砂浆或防水砂浆粉刷，对防水要求高的墙体还可采用两层防水的做法。

12）墙上预埋管线应竖向开槽，不宜横向开槽，竖向槽深不应大于 1/3 墙厚，横向槽深不应大于 1/4 墙厚，开槽时应使用专用工具切割凿槽，不得随意剔凿。埋管后应固定牢固，采用聚合物砂浆或专用修补材料分两次补平。

4 墙面装饰应满足下列要求：

1）轻质砌块墙面平整度小于等于 3 mm 时，不宜做砂浆粉刷，直接刮抹专用腻子 2 次后作涂料墙面；外墙应用防水腻子，宜用弹性涂料。

2）轻质砌块墙体砂浆粉刷前，应刮抹 2 mm～3 mm 专用界面剂或专用防水界面剂，每层厚度不应大于 6 mm，总厚度不应大于 20 mm。

3）高层轻质砌块外墙面采用面砖饰面时应采用专用防水界面剂处理后，严格按建筑装饰工程施工规程操作，并遵守使用的高度限制。

4）高层轻质砌块墙面不得粘贴石材或金属饰面板，如要用时，应采用干挂法安装，安装骨架应支承在主体结构上，并和轻质墙体脱开。

7.3.17 多高层钢结构住宅的外围护结构安装可在各阶段主体钢结构分项工程验收合格后进行施工。

7.3.18 内隔墙安装应根据排版图、施工作业指导书进行施工。

7.3.19 设备与管线安装前，应按设计文件核对设备及管线参数，并应对结构构件预埋套管及预留孔洞的尺寸、位置进行复核，合格后方可进行设备与管线安装。与结构构件或外围护墙体连接时，宜采用预留埋件的连接方式。当采用其他连接方式时，不得影响主体结构和外围护的完整性和安全性。

7.3.20 多高层钢结构住宅的装饰装修安装应符合现行国家标准《住宅装饰装修工程施工规范》GB 50327 和现行上海市工程建设规范《住宅室内装配式装修工程技术标准》DG/TJ 08—2254 的规定。装饰装修中采用防火板进行钢构件包覆的，防火板应安装牢固稳定，封闭良好。

7.3.21 集成式厨房及卫浴的安装应符合现行上海市工程建设规范《住宅室内装配式装修工程技术标准》DG/TJ 08—2254 的规定。

7.4 验　收

7.4.1 多高层钢结构住宅的施工验收应按地基与基础、主体结构、建筑装饰装修、屋面、建筑给水排水及供暖、通风与空调、建筑电气、智能建筑、建筑节能、电梯 10 个分部工程分别进行质量验收。各分部工程质量应满足现行国家标准《建筑工程施工质量验收统一标准》GB 50300 的要求及相关规范的施工质量合格标准。当国家现行标准对工程中的验收项目未做出有关规定时，应由建设单位组织设计、施工、监理等相关单位制定验收要求。

7.4.2 同一厂家生产的同批材料、部品，用于同期施工且属于同一工程项目的多个单位工程，可合并进行进场验收。部品部件应具有产品标准、出厂检验合格证、质量保证书和使用说明书。

7.4.3 安装工程可按楼层或施工段等划分为一个或若干个检验批。地下钢结构可按不同地下层划分检验批。钢结构安装检验批应在进场验收和焊接连接、紧固件连接等分项工程验收合格的基础上进行验收。

7.4.4 钢结构、组合结构的施工质量要求和验收标准应按现行国家标准《钢结构工程施工质量验收规范》GB 50205、《钢管混凝土施工质量验收规范》GB 50628 和《混凝土结构工程施工质量验收规范》GB 50204 的有关规定执行。

7.4.5 钢结构主体工程焊接工程验收应按现行国家标准《钢结构工程施工质量验收规范》GB 50205 的有关规定，在焊前、焊中和焊后检验基础上按设计文件和现行国家标准《钢结构焊接规范》GB 50661 的规定执行。

7.4.6 钢结构主体工程紧固件连接工程应按现行国家标准《钢结构工程施工质量验收规范》GB 50205 规定的质量验收方法和质量验收项目执行，同时应符合现行行业标准《钢结构高强度螺栓连接技术规程》JGJ 82 的规定。

7.4.7 钢结构防腐蚀涂装工程应按现行国家标准《钢结构工程施工质量验收规范》GB 50205、《建筑防腐蚀工程施工及验收规范》GB 50212、《建筑防腐蚀工程质量检验评定标准》GB 50224 和现行行业标准《建筑钢结构防腐蚀技术规程》JGJ/T 251 的规定进行验收；金属热喷涂防腐和热镀锌防腐工程应按现行国家标准《金属和其他无机覆盖层热喷涂锌、铝及其合金》GB/T 9793 和《热喷涂金属件表面预热处理通则》GB/T 11373 等有关规定进行质量验收。

7.4.8 钢结构的防火保护应按现行国家标准《建筑钢结构防火技术规范》GB 51249 的要求进行验收。防火涂料、防火板及其他防火材料的厚度应符合现行国家标准《建筑设计防火规范》GB 50016 中关于耐火极限的设计要求，试验方法应符合现行国家标准《建筑构件耐火试验方法》GB 9978 的规定。

7.4.9 楼板及屋面板应按下列规定进行验收：

1 压型钢板组合楼板和钢筋桁架楼承板组合楼板应按现行国家标准《钢结构工程施工质量验收规范》GB 50205 和《混凝土结构工程施工质量验收规范》GB 50204 的规定进行验收。

2 预制带肋底板混凝土叠合楼板应按现行行业标准《预制带肋底板混凝土叠合楼板技术规程》JGJ/T 258 的规定进行验收。

3 预制预应力空心板叠合楼板应按现行国家标准《预应力混凝土空心板》GB 14040 和《混凝土结构工程施工质量验收规范》GB 50204 的规定进行验收。

4 混凝土叠合楼板应按现行国家标准《混凝土结构工程施工质量验收规范》GB 50204 和现行行业标准《装配式混凝土结构技术规程》JGJ 1 的规定进行验收。

7.4.10 钢楼梯应按现行国家标准《钢结构工程施工质量验收规范》GB 50205 的规定进行验收，预制混凝土楼梯应按现行国家标准《混凝土结构工程施工质量验收规范》GB 50204 和现行行业标准《装配式混凝土结构技术规程》JGJ 1 的有关规定进行验收。

7.4.11 墙板墙体的验收应符合下列规定：

1 墙板的憎水性(吸水率、干燥收缩率)、抗冻性、热导系数、隔声指标、容重、抗压强度、变形等物理和力学指标应进行复验，指标应满足设计要求并符合现行国家标准《墙体材料统一应用技术规范》GB 50574 等的规定。

2 墙体验收应包括墙体连接件材性、锚栓抗拉强度等的检测，以及墙面(体)的抗渗。

3 蒸压加气混凝土墙板及砌块墙体的验收尚应符合现行行业标准《蒸压加气混凝土建筑应用技术规程》JGJ/T 17 等的规定。

7.4.12 节能工程质量验收应按现行国家标准《建筑节能工程施

工质量验收规范》GB 50411 的规定执行。

7.4.13 屋面安装施工质量验收应按现行国家标准《屋面工程质量验收规范》GB 50207 的规定执行。

7.4.14 建筑设备安装施工质量验收应按现行国家标准《建筑给水排水及采暖工程施工质量验收规范》GB 50242、《通风与空调工程施工质量验收规范》GB 50243、《建筑电气工程施工质量验收规范》GB 50303 和《智能化建筑工程质量验收规范》GB 50339 等的规定执行。

7.4.15 建筑装饰装修施工质量验收应按现行国家标准《建筑装饰装修工程质量验收规范》GB 50210、现行行业标准《建筑轻质条板隔墙技术规程》JGJ/T 157 等的要求执行，并符合现行国家标准《民用建筑工程室内环境污染控制规范》GB 50325 的有关规定。

8 使用与维护

8.1 一般规定

8.1.1 建设单位应根据多高层钢结构住宅设计文件注明的设计条件、使用性质及使用环境编制《住宅使用说明书》。

8.1.2 《住宅使用说明书》除应按现行相关规定执行外，尚应包含下列内容：

1 主体结构、外围护、设备管线、内装修等的系统、做法以及使用、检查和维护要求。

2 装饰装修及改造的注意事项，应包含允许业主或使用者自行变更的部分与相关禁止行为。

3 钢结构住宅部品部(构)件生产厂、供应商提供的产品使用维护说明书。主要部品部(构)件宜注明合理的检查与使用维护年限。

8.2 住宅使用

8.2.1 多高层钢结构住宅的业主或使用者不应改变原设计文件中规定的使用条件、使用性质及使用环境。

8.2.2 室内装饰装修和使用中，严禁损伤主体结构和外围护。装修和使用中发生下述行为之一者，应经原设计单位或具有相应资质的设计单位提出设计方案，并按设计规定的技术要求进行施工及验收：

1 超过设计文件规定的楼面装修荷载或使用荷载。

2 改变或损坏钢结构防火、防腐蚀的相关保护及构造措施。

3 改变或损坏建筑节能保温、外墙及屋面防水相关构造措施。

8.3 物业管理与维护

8.3.1 业主与物业服务企业宜按法律法规要求和建设单位移交的相关资料，共同制定物业检查与维护更新计划，建立对主体结构、外围护、内装修、设备管线系统的检查与维护制度，明确检查时间与部位，遵照执行，并形成检查与维护记录。

8.3.2 物业服务企业应将多高层钢结构住宅装饰装修和使用中的禁止行为和注意事项告知业主或使用者，并在室内装饰装修过程中进行检查督促。

8.3.3 物业管理宜采用信息化手段，建立建筑、设备与管线等的管理档案。

附录 A　钢结构住宅模数网格线定位及模块组合示例

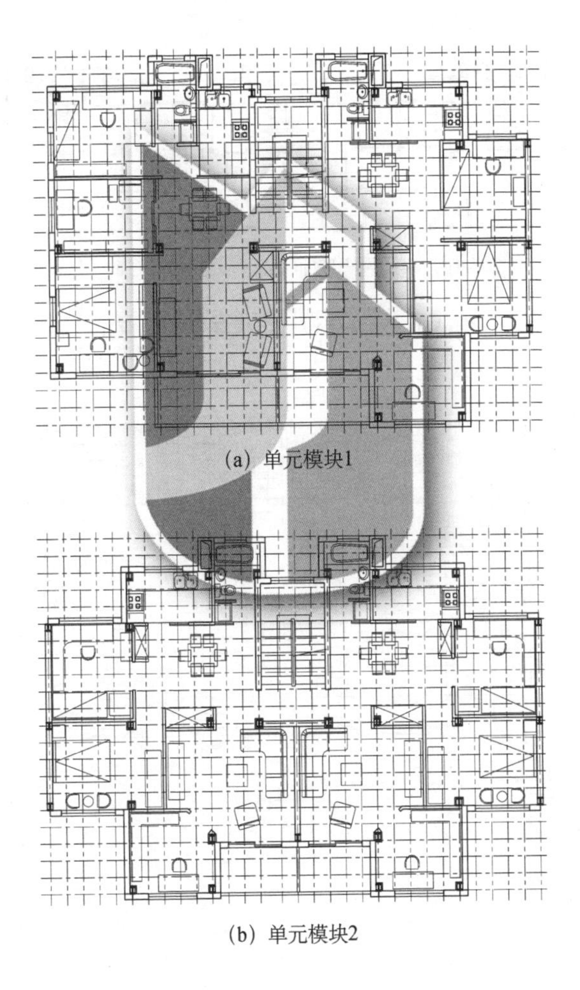

(a) 单元模块1

(b) 单元模块2

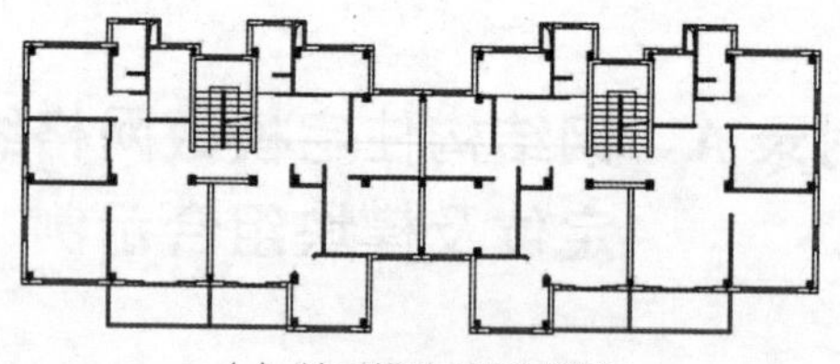

（c）单元模块1对称拼接

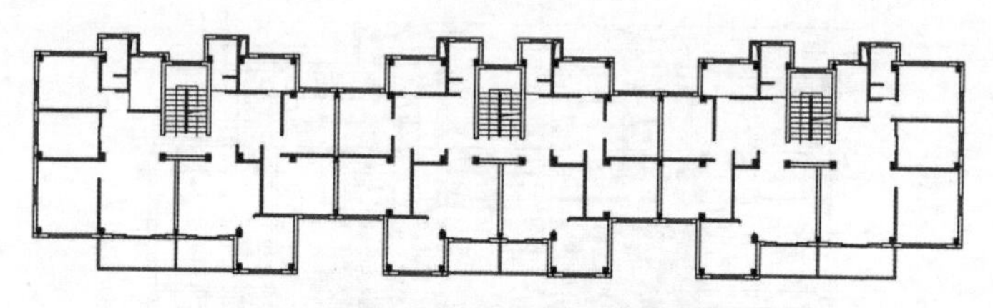

（d）单元模块1之间插入单元模块2拼接

图 A.1　模块化设计与模块拼接示意 1

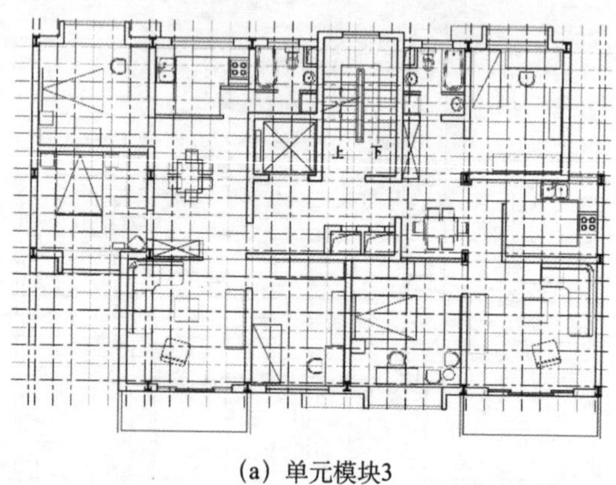

（a）单元模块3

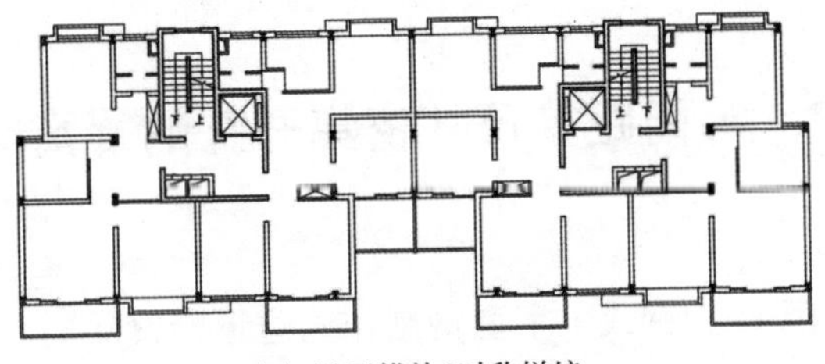

(b) 单元模块3对称拼接

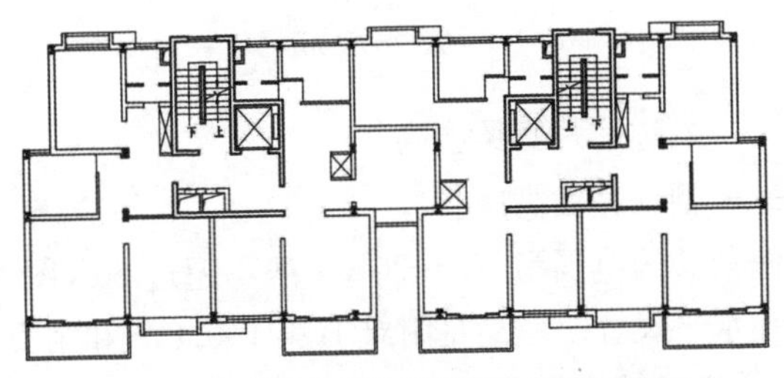

(c) 单元模块3凹凸拼接(注意拼接处的户型变化)

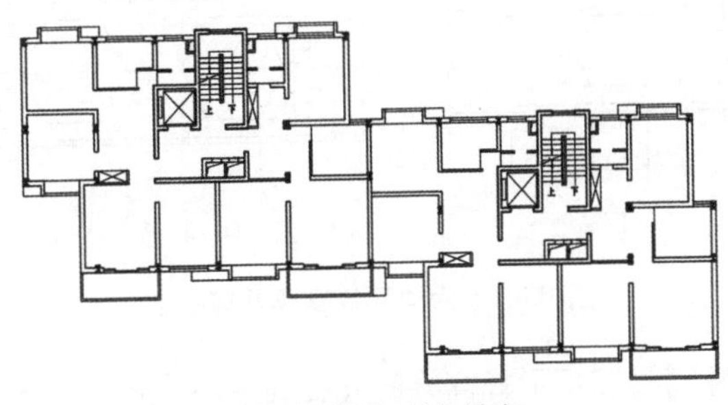

(d) 单元模块3错位拼接

图 A.2 模块化设计与模块拼接示意 2

附录B 等间距等尺寸密集开孔的蜂窝梁设计

B.0.1 采用H型钢或工字型钢制作六边形蜂窝梁时，扩高比 K 的范围为1.3～1.6，一般可取1.5，可按下式计算。

$$K = h_g / h_b \tag{B.0.1}$$

式中：h_g ——六边形蜂窝梁全高；

h_b ——型钢截面高度。

切割偏角 θ 的范围为45°～70°，一般不超过60°（图B.0.1）。

蜂窝孔水平尺寸 e 应满足附录B第B.0.4条和第B.0.6条的计算规定，并满足管道贯通空间的要求。

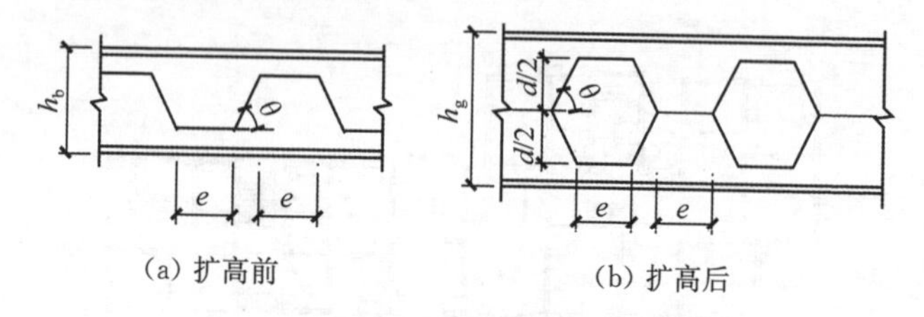

(a) 扩高前　　(b) 扩高后

图B.0.1 六边形蜂窝梁几何参数

圆形蜂窝梁和矩形蜂窝梁的开孔高度不宜超过 $0.8h_w$。圆形孔的孔间净距不宜小于 $(\sqrt{3}-1)D$，其中 D 为圆孔直径。

蜂窝梁用作框架梁时，梁端距柱轴线 $L/8$ 的范围内不应开孔，L 为梁的跨长；用作楼面梁时，在距梁端支承反力作用线 $0.5h_w$ 的范围内，不应开孔，h_w 为蜂窝梁腹板净高。

B.0.2 由型钢或钢板切割后扩高制作的六边形蜂窝梁及其他蜂窝梁的水平拼缝[图B.0.2(a)]应焊透。开孔处可加劲[图B.0.2(b)]。

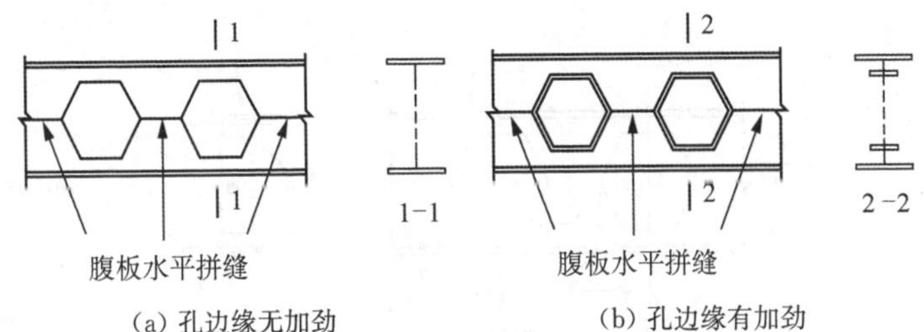

(a) 孔边缘无加劲　　(b) 孔边缘有加劲

图 B.0.2　蜂窝梁孔边缘无加劲与有加劲

B.0.3　采用蜂窝梁作框架梁时，结构内力分析中，按毛截面计算的蜂窝梁截面惯性矩宜乘以下列调整系数 γ：

$$\gamma = 0.018L/h_g + 0.47 \quad 0 \leqslant L/h_g < 20 \tag{B.0.3-1}$$

$$\gamma = 0.006L/h_g + 0.71 \quad L/h_g \geqslant 20 \tag{B.0.3-2}$$

式中：L——六边形蜂窝梁跨长。

B.0.4　六边形蜂窝梁可按下列规定验算强度：

1　最大开孔截面的正应力

$$\sigma = \frac{M_1}{d_T A_T} + \frac{V_1 e}{4W_S} \leqslant f \tag{B.0.4-1}$$

2　腹板水平拼缝处的剪应力

$$\tau_h = \frac{M_1 - M_2}{d_T e t_w} \leqslant f_v \tag{B.0.4-2}$$

式中：M_1，M_2——截面 1，2 处的弯矩(图 B.0.4)；

V_1——截面 1 处的剪力；

d_T——开孔截面处上、下两 T 形截面的形心距；

A_T——开孔截面处 T 形截面的面积；

e——蜂窝孔水平尺寸；

W_S——开孔截面处 T 形截面竖肢下端的截面模量；

t_w——腹板厚度。

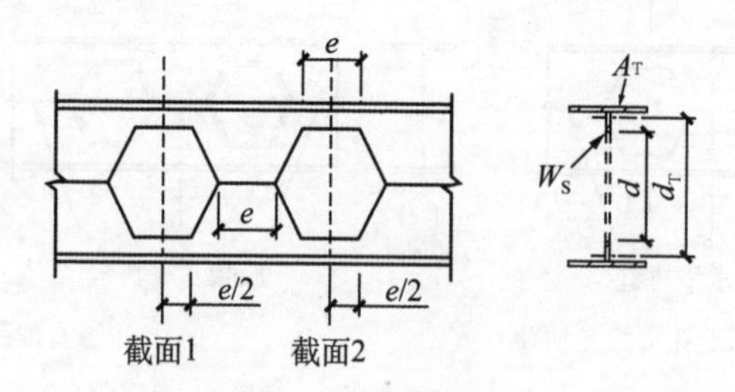

图 B.0.4　强度计算参数

当蜂窝孔边设置加劲肋时，式(B.0.4-1)和式(B.0.4-2)中的A_T，d_T，W_S可相应取开孔截面上、下两工形截面的面积、形心距及加劲肋靠孔内边缘的截面模量。

3　未开孔处截面的强度可按实腹梁验算。

B.0.5　蜂窝孔边未加劲时腹板应按下列规定验算局部稳定性：

1　考虑水平剪力引起的腹板弯曲稳定性

$$\frac{3\tau_h \tan(\frac{\pi}{2}-\theta)}{4\left(\frac{\pi}{2}-\theta\right)^2} \leqslant \varphi_v f \tag{B.0.5-1}$$

式中：φ_v——稳定系数。

$$\varphi_v = 1.0 - 6 \times 10^{-4}\left(\frac{d}{2t_w}\sqrt{\frac{f_y}{235}}\right)^2 \tag{B.0.5-2}$$

2　考虑局部压力引起的腹板受压稳定性

$$\frac{N_L}{2et_w} \leqslant \varphi_w f \tag{B.0.5-3}$$

式中：N_L——作用在腹板上的局部压力设计值。

$$N_L = V_1 - V_2 \tag{B.0.5-4}$$

V_1，V_2——截面 1 和截面 2 处的剪力(图 B.0.4)，但V_1-V_2 使腹板受压；

φ_w—— 稳定系数，按现行国家标准《钢结构设计标准》GB 50017 中 b 类曲线确定，确定 φ_w 时长细比 $\lambda = \frac{\sqrt{12}d}{t_w}$。

B.0.6 蜂窝孔处受压 T 形截面应满足下列要求：

$$\text{翼缘外伸肢 } b_1/t_f \leqslant 15\sqrt{\frac{235}{f_y}} \tag{B.0.6-1}$$

$$\text{腹板(竖肢)} b_s/t_w \leqslant 15\sqrt{\frac{235}{f_y}} \tag{B.0.6-2}$$

蜂窝孔周边设加劲肋时，腹板和加劲肋应满足下列要求：

$$\text{腹板(竖肢)} b_s/t_w \leqslant 40\sqrt{\frac{235}{f_y}} \tag{B.0.6-3}$$

$$\text{翼缘外伸肢 } b_r/t_r \leqslant 15\sqrt{\frac{235}{f_y}} \tag{B.0.6-4}$$

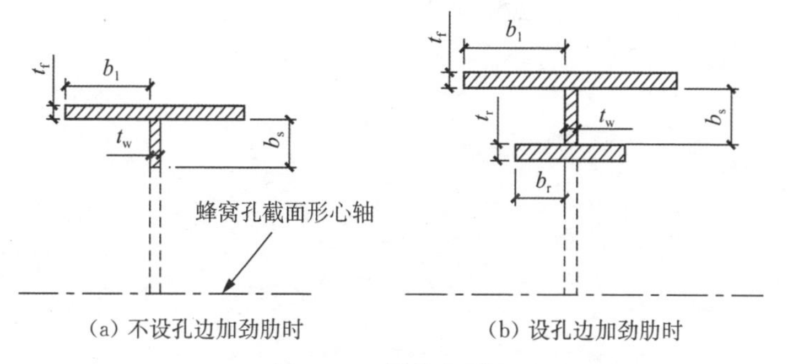

图 B.0.6 板件宽厚比

B.0.7 蜂窝孔边加劲肋的宽度 b_r 不宜小于翼缘外伸宽度 b_1 的 1/2，不宜大于 b_1。开孔部位不宜有集中荷载，若无法避免集中荷载作用，可将孔洞用钢板填补。

B.0.8 圆形蜂窝梁、矩形开口梁的强度和局部稳定性验算可参照六边形蜂窝梁的有关规定。圆形蜂窝梁按式(B.0.4-1)验算强度时,可将圆形开孔等效为外接正六边形蜂窝孔，取 $e=D/\sqrt{3}$,其中 D 为圆孔直径。

B.0.9 蜂窝梁的挠度可按毛截面计算,计算结果乘以下列换算系数 ζ :

$$\zeta=-0.065L/h_{g}+2.34L/h_{g}<16 \tag{B.0.9-1}$$

$$\zeta=-0.011L/h_{g}+1.476L/h_{g}\geqslant 16 \tag{B.0.9-2}$$

附录C　局部开孔梁的设计

C.0.1　本附录适用于因穿越设备管道而在钢梁腹板上按需要开设不等间距、不等尺寸孔的局部开孔梁。

C.0.2　矩形开孔梁的几何构造应满足下列要求：

1　开孔高度 h_0 不应大于梁截面高度 H 的 1/2。

2　孔口长度 l_0 不应大于开孔高度 h_0 的 3 倍。

3　孔口上下边缘至梁翼缘外皮的距离 h_1 和 h_2 不应小于梁截面高度 H 的 1/4。

4　相邻孔口边缘的最小距离 w 不应小于梁高 H 或相邻孔口长度 l_0 中之较大值。

5　不应在距梁端相当于梁高 H 的范围内设孔。

6　孔口边缘应采用纵向和横向加劲肋加强，其中，纵向加劲肋端部应伸至孔口边缘以外 0.25 l_0，且不小于 0.5 h_0；纵向加劲肋的最小面积不应小于下翼缘面积的 0.3 倍。当矩形孔口长度 l_0 大于梁高 H 时，横向加劲肋应沿梁全高设置。

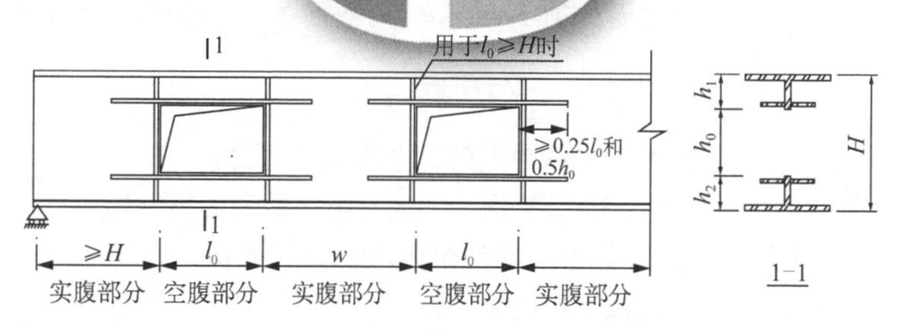

图 C.0.2　矩形开孔几何参数

C.0.3　矩形开孔梁的实腹部分，其抗弯强度应按下式验算：

$$\frac{\eta_{\sigma}^{s} M_{x}}{W_{nx}} \leqslant f \tag{C.0.3}$$

式中：η_{σ}^{s} ——矩形开孔梁实腹部分的正应力增大系数，在距孔边缘 $0.9h_0$ 以内的孔口影响区域取 1.1，在距孔边缘 $0.9h_0$ 以外的实腹区域取 1.0；

M_x ——矩形开孔梁计算截面处绕 x 轴的弯矩设计值，距孔边缘 $0.9h_0$ 以内的孔口影响区域时，取整个区域以内截面绕 x 轴的最大弯矩设计值；

W_{nx} ——对 x 轴的净截面抵抗矩；

f ——钢材强度设计值。

C.0.4 矩形开孔梁的空腹部分，其抗弯强度应按下式验算：

$$\eta_{\sigma}^{k}\left(\frac{M_{x}}{h_{c} A_{i}}+\frac{V_{i} l_{0}}{2 W_{i}}\right) \leqslant f \tag{C.0.4}$$

式中：η_{σ}^{k} ——矩形开孔梁空腹部分的正应力增大系数，计算时可取 1.1；

M_x ——作用于孔口中点处整个截面的弯矩，如图 C.0.4 所示；

V_i ——$i=1$ 和 2，分别为上肢和下肢中点处的剪力，可将整个截面的剪力 V_x 按上、下肢的刚度分配得到，即 $V_1=\frac{I_1}{I_1+I_2}V$，$V_2=\frac{I_2}{I_1+I_2}V$；

V ——作用于孔口中点处整个截面的剪力；

I_i ——$i=1$ 和 2，分别为上肢和下肢截面的惯性矩；

h_c ——上、下肢形心间的距离，如图 C.0.4 所示；

l_0 ——上肢或下肢的长度；

A_i ——$i=1$ 和 2，分别为上肢和下肢截面的面积；

W_i ——$i=1$ 和 2，分别为上肢和下肢截面的较小抵抗矩。

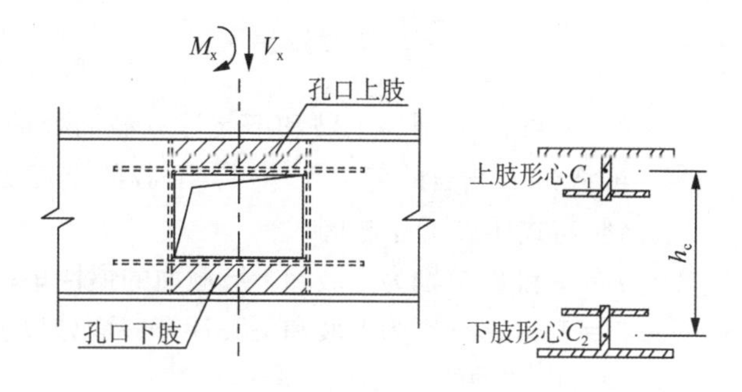

图 C.0.4 空腹部分

C.0.5 矩形开孔梁的实腹部分，其抗剪强度应按下式验算：

$$\eta_{\tau}^{s}\frac{VS_x}{I_x t_w}\leqslant f_v \qquad (C.0.5\text{-}1)$$

式中：η_{τ}^{s}——矩形开孔梁实腹部分的剪应力增大系数，在距孔口边缘 H 以内的孔口影响区域按下式计算：

$$\eta_{\tau}^{s}=0.53\left(\frac{h_0}{H}+0.56\right)\left(\frac{l_0}{h_0}+2.02\right) \qquad (C.0.5\text{-}2)$$

在距孔边缘 H 以外的实腹区域取 1.0。

V——计算截面处的剪力设计值；距孔口边缘 H 以内孔口影响区域时取整个区域以内截面的最大剪力设计值。

S_x——计算剪应力处以上毛截面对中和轴的面积矩。

I_x——计算截面处毛截面惯性矩。

t_w——腹板厚度。

f_v——钢材抗剪强度设计值。

C.0.6 矩形开孔梁的空腹部分，其上、下肢的抗剪强度应按下式计算：

$$\frac{V_i S_i}{t_w I_i} \leqslant f_v \tag{C.0.6}$$

式中：V_i——$i=1$ 和 2，分别为上肢和下肢计算截面处的剪力，可将整个截面的剪力 V 按上、下肢的刚度分配得到，与式(C.0.4)中相同；

I_i——$i=1$ 和 2，分别为上肢和下肢截面的惯性矩；

S_i——$i=1$ 和 2，分别为上肢和下肢计算截面处以上毛截面对中和轴的面积矩；

t_w——腹板厚度；

f_v——钢材抗剪强度设计值。

C.0.7 矩形开孔梁的整体稳定性计算，可将其视为一般实腹钢梁，按现行国家标准《钢结构设计标准》GB 50017 的有关规定处理，但其截面特征应按空腹部分的梁截面计算。

C.0.8 矩形开孔梁的翼缘的局部稳定问题与实腹钢梁类似，可通过限制翼缘板的宽厚比，使其不超过容许值来保证；而对腹板的局部稳定，可通过设置各种加劲肋来保证，并应按现行国家标准《钢结构设计标准》GB 50017 的有关公式验算各区格的局部稳定。

C.0.9 矩形开孔梁的挠度可按相应实腹钢梁计算，但计算结果应乘以下列挠度增大系数 η_w^k：

$$\eta_w^k = 5.3\frac{H}{L} + 0.82\ (1/29 \leqslant H/L \leqslant 1/10) \tag{C.0.9}$$

当 $H/L < 1/29$ 时，η_w^k 近似取 1.0。

本标准用词说明

1 为了便于在执行本标准条文时区别对待,对要求严格程度不同的用词说明如下:

1) 表示很严格,非这样做不可的用词:
正面词采用“必须”;
反面词采用“严禁”。

2) 表示严格,在正常情况下均应这样做的用词:
正面词采用“应”;
反面词采用“不应”或“不得”。

3) 表示允许稍有选择,在条件许可时首先应这样做的用词:
正面词采用“宜”;
反面词采用“不宜”。

4) 表示有选择,在一定条件下可以这样做的用词,采用“可”。

2 条文中指定应按其他有关标准、规范执行时,写法为“应符合……的规定(要求)”或“应按……执行”。

引用标准名录

1 《钢管混凝土施工质量验收规范》GB 5062
2 《建筑材料放射性核素限量》GB 6566
3 《涂装前钢材表面锈蚀等级和除锈等级》GB/T 8923
4 《金属和其他无机覆盖层热喷涂锌、铝及其合金》GB/T 9793
5 《建筑构件耐火试验方法》GB 9978
6 《热喷涂金属件表面预热处理通则》GB/T 11373
7 《预应力混凝土空心板》GB 14040
8 《钢结构防火涂料》GB 14907
9 《室内装饰装修材料内墙涂料中有害物质限量》GB 18682
10 《建筑结构荷载规范》GB 50009
11 《混凝土结构设计规范》GB 50010
12 《建筑抗震设计规范》GB 50011
13 《建筑给水排水设计规范》GB 50015
14 《建筑设计防火规范》GB 50016
15 《钢结构设计标准》GB 50017
16 《冷弯薄壁型钢构件技术规范》GB 50018
17 《建筑物防雷设计规范》GB 50057
18 《自动喷水灭火系统设计规范》GB 50084
19 《住宅设计规范》GB 50096
20 《地下工程防水技术规范》GB 50108
21 《混凝土结构工程施工质量验收规范》GB 50204
22 《钢结构工程施工质量验收规范》GB 50205
23 《屋面工程质量验收规范》GB 50207
24 《建筑装饰装修工程质量验收规范》GB 50210

25 《建筑防腐蚀工程施工及验收规范》GB 50212
26 《建筑防腐蚀工程质量检验评定标准》GB 50224
27 《建筑给水排水及采暖工程施工质量验收规范》GB 50242
28 《通风与空调工程施工质量验收规范》GB 50243
29 《建筑工程施工质量验收统一标准》GB 50300
30 《建筑电气工程施工质量验收规范》GB 50303
31 《民用建筑工程室内环境污染控制规范》GB 50325
32 《住宅装饰装修工程施工规范》GB 50327
33 《智能化建筑工程质量验收规范》GB 50339
34 《屋面工程技术规范》GB 50345
35 《建筑节能工程施工质量验收规范》GB 50411
36 《墙体材料统一应用技术规范》GB 50574
37 《钢结构焊接规范》GB 50661
38 《混凝土结构工程施工规范》GB 50666
39 《钢结构工程施工规范》GB 50755
40 《钢-混凝土组合结构施工规范》GB 50901
41 《钢管混凝土结构技术规程》GB 50936
42 《消防给水及消火栓系统技术规范》GB 50974
43 《装配式钢结构建筑技术规范》GB/T 51232
44 《建筑钢结构防火技术规范》GB 51249
45 《装配式混凝土结构技术规程》JGJ 1
46 《蒸压加气混凝土建筑应用技术规程》JGJ/T 17
47 《钢结构高强度螺栓连接技术规程》JGJ 82
48 《高层民用建筑钢结构技术规程》JGJ 99
49 《夏热冬冷地区居住建筑节能设计标准》JGJ 134
50 《建筑轻质条板隔墙技术规程》JGJ/T 157
51 《建筑钢结构防腐蚀技术规程》JGJ/T 251
52 《预制带肋底板混凝土叠合楼板技术规程》JGJ/T 258
53 《交错桁架钢结构设计规程》JGJ/T 329

54 《建筑抗震设计规程》DGJ 08—9

55 《高层建筑钢-混凝土混合结构设计规程》DG/TJ 08—015

56 《住宅设计标准》DGJ 08—20

57 《居住建筑节能设计标准》DGJ 08—205

58 《钢结构制作与安装规程》DG/TJ 08—216

59 《全装修住宅室内装修设计标准》DG/TJ 08—2178

60 《住宅小区安全技术防范系统要求》DB 31/294

上海市工程建设规范

多高层钢结构住宅技术标准

DG/TJ 08—2029—2021

J 11102—2021

条 文 说 明

2021　上海

目　次

1　总　则 ………………………………………………………… 87
2　术语和符号 …………………………………………………… 88
　2.1　术　语 ……………………………………………………… 88
　2.2　符　号 ……………………………………………………… 88
3　基本规定 ……………………………………………………… 89
4　建筑设计 ……………………………………………………… 91
　4.1　一般规定 …………………………………………………… 91
　4.2　体系模数化 ………………………………………………… 91
　4.3　平面布置 …………………………………………………… 94
　4.4　层高和净高 ………………………………………………… 95
　4.5　外　墙 ……………………………………………………… 96
　4.6　屋　面 ……………………………………………………… 96
　4.7　楼　板 ……………………………………………………… 96
　4.8　内隔墙 ……………………………………………………… 98
　4.9　门　窗 ……………………………………………………… 98
　4.11　防水、防潮 ……………………………………………… 99
5　结构设计 ……………………………………………………… 101
　5.1　一般规定……………………………………………………… 101
　5.2　结构选型和布置……………………………………………… 102
　5.3　楼盖设计……………………………………………………… 106
　5.4　构件设计……………………………………………………… 110
　5.5　节点设计……………………………………………………… 112
　5.6　钢结构防火…………………………………………………… 115
　5.7　钢结构防腐…………………………………………………… 115

6　建筑设备 …………………………………………………… 121
6.1　一般规定…………………………………………………… 121
6.2　给排水…………………………………………………… 121
6.3　供暖、通风与空调 ……………………………………… 123
6.4　燃　气…………………………………………………… 124
6.5　电　气…………………………………………………… 124
6.6　住宅智能化……………………………………………… 125
7　制作安装与验收 ……………………………………………… 126
7.1　一般规定…………………………………………………… 126
7.2　部品部(构)件的制作与运输…………………………… 126
7.3　部品部(构)件的安装…………………………………… 127
8　使用与维护 …………………………………………………… 132
8.1　一般规定…………………………………………………… 132
8.2　住宅使用…………………………………………………… 132

Contents

1 General provisions ······ 87
2 Terms and symbols ······ 88
2.1 Terms ······ 88
2.2 Symbols ······ 88
3 Basic requirements ······ 89
4 Architecture design ······ 91
4.1 General requirements ······ 91
4.2 System modularization ······ 91
4.3 Plane layout ······ 94
4.4 Floor height and clearance ······ 95
4.5 Exterior wall ······ 96
4.6 Roof ······ 96
4.7 Floor ······ 96
4.8 Partition wall ······ 98
4.9 Door and window ······ 98
4.11 Waterproof and moisture proof ······ 99
5 Structure design ······ 101
5.1 General requirements ······ 101
5.2 Structural systems ······ 102
5.3 Floor design ······ 106
5.4 Component design ······ 110
5.5 Connection design ······ 112
5.6 Fire protection of steel structure ······ 115
5.7 Corrosion protection of steel structure ······ 115

6 Building equipment ······ 121
6.1 General requirements ······ 121
6.2 Water supply and drainage ······ 121
6.3 Heating, ventilation and air conditioning ······ 123
6.4 Gas ······ 124
6.5 Electric ······ 124
6.6 Housing intellectualization ······ 125
7 Fabrication, installation and acceptance ······ 126
7.1 General requirements ······ 126
7.2 Production and transportation of parts(members) ······ 126
7.3 Installation of parts(members) ······ 127
8 Use and maintenance ······ 132
8.1 General requirements ······ 132
8.2 Residential use ······ 132

1 总 则

1.0.1 近年来，虽然我国积极探索发展钢结构住宅建筑，但建造方式很多地方仍以大量现场湿作业为主，部品部(构)件采用比例低和产业化化程度有待提高，与国际先进建造方式相比还有很大差距。

实现建筑生产建造方式转型的钢结构住宅产业化是发展我国全寿命期绿色建筑、促进住宅产业化升级发展的重大战略需求，钢结构住宅要想做到工业化生产，必须要有健全的产业链，从生产、设计、制造、运输、安装乃至使用过程等环节入手，针对每一环节的运转机制提出相应的工业化生产、信息化管理技术和方法。

实现建筑生产建造方式转型的钢结构住宅产业化是我国建筑业实现现代化的必由之路。当前，发展钢结构住宅产业化正面临着重大机遇，市场十分巨大，发展前景广阔。在贯彻执行国家建筑产业现代化和生产建造方式转型发展的技术政策、切实推进钢结构住宅健康发展过程中，亟须规范装配式钢结构建筑的建设，按照适用、经济、安全、绿色、美观的要求，全面提高钢结构住宅建筑的环境效益、社会效益和经济效益。

1.0.2 改建和扩建的多高层钢结构住宅可参照使用。对于建筑高度在 100 m～150 m 的高层钢结构住宅，应根据实际情况采取更加严格的措施，提交有关主管部门，组织专题研究、论证。

1.0.7 多高层钢结构住宅的设计应符合现行上海市工程建设规范《住宅设计标准》DGJ 08—20 的规定。

2 术语和符号

2.1 术 语

本标准对涉及钢结构住宅的一些重要术语做了专门规定，并在2007版规范的基础上，根据章节内容调整对术语条目进行了相应的增减。同时，本标准还给出了相应的推荐性英文术语，这些英文术语不一定是国际上通用的标准术语，仅供参考。

2.2 符 号

符号主要参照现行国家标准《工程结构设计基本术语和通用符号》GBJ 132和《建筑结构设计术语和符号标准》GB/T 50083，并根据需要增加了一些内容。这些符号都是本标准各章节中所引用的。

3 基本规定

3.0.1 应努力提高多高层钢结构住宅的技术水平和工程质量，打造功能完整的建筑产品。

3.0.2～3.0.3 钢结构设计的特点就是灵活性和多样化，而支撑这种特点的要素在于产品及零配件上的模数化、标准化。有了这两点基本原则，才有可能在设计、零部件加工、现场施工装配上做到施工简便、安全耐久、经济合理。因此，在钢结构住宅的设计中，无论是平、立、剖面的整体设计，还是施工详图、节点的设计，都要十分注意模数化、标准化。在这个前提下，才有可能实现产品的通用化。

建筑信息模型技术是多高层钢结构住宅建造过程的重要手段，通过信息数据平台管理系统将设计、生产、施工、物流和运营管理等环节连接为一体化管理，共享信息数据、资源协同、组织决策和管理系统，对提高工程建设各阶段、各专业之间协同设计、效率和质量以及一体化管理水平具有重要作用。

3.0.7 建筑全寿命期内的空间适应性在量大面广的住宅设计中已经是一条基本原则，而钢结构的特点是室内空间分隔的灵活性，不受户内分隔墙布置的影响，特别有利于近期不同使用的需求和远期发展改扩建(如三室变两室、两户合一户)的需求。

3.0.8 建筑的安全性是一切类型建筑设计中最重要的原则，钢结构有各种突出的特点，但它也存在由于本身材质的关系带来的耐久性能方面的不足以及易腐蚀、强度受到影响等缺陷。因此，在设计钢结构住宅时，应比一般钢筋混凝土结构或混合结构住宅更注意防火、防水和防腐的要求，同时也要注意建筑的节能和隔声。随着我国人民生活水平的不断提高，对能源的节约和对居住环境的质量都有了更高的要求。近年来，国家和上海市政府相继出台了不少有关这方面的标准、规范，建筑设计人员应该熟悉、应用这些标准和规范，特别是有关强制性条文方面的内容。

4 建筑设计

4.1 一般规定

4.1.1 由于受钢结构本身特性的限制，钢结构住宅设计必须充分考虑构、配件的模数化、标准化，而这会在不同程度上限制了其平、立、剖面设计的灵活性。为了使钢结构住宅能批量推广应用，逐步建立完整的建筑系列是钢结构体系化的重要研究目标。所谓"逐步建立"，即是从基本层次开始，逐步分层次优化，逐步建立更多的、更符合现实客观条件的建筑系列，以更好地满足市场需求。

4.1.2 建筑设计应注意与结构、水、电、燃气、采暖、通风等工种的协调。钢结构住宅的建筑设计应比一般结构的建筑设计更要注意这一点，由于钢结构的材料特性决定了其在受力承重、穿设管道、开设门窗洞口等方面有诸多不同于一般结构的条件限制，因此在设计的各个阶段（方案、初步设计、施工图）都应注意与其他工种的密切配合。

4.2 体系模数化

4.2.1 钢结构住宅建筑设计不以结构轴线定位而是以模数网格线定位，有利于在优选设计模数和模数化的基础上最大限度地实现结构构件与围护、分隔构件以及连接构造的标准化设计和生产，最终达到钢结构住宅的工业化集成。

钢结构住宅体系中的构件与模数网格线的关系宜按照下列

法则定位：

1 钢结构住宅中外围护构件采用嵌入周边钢框架的梁、柱间时，水平方向宜采用净模的定位方式(图 1)。

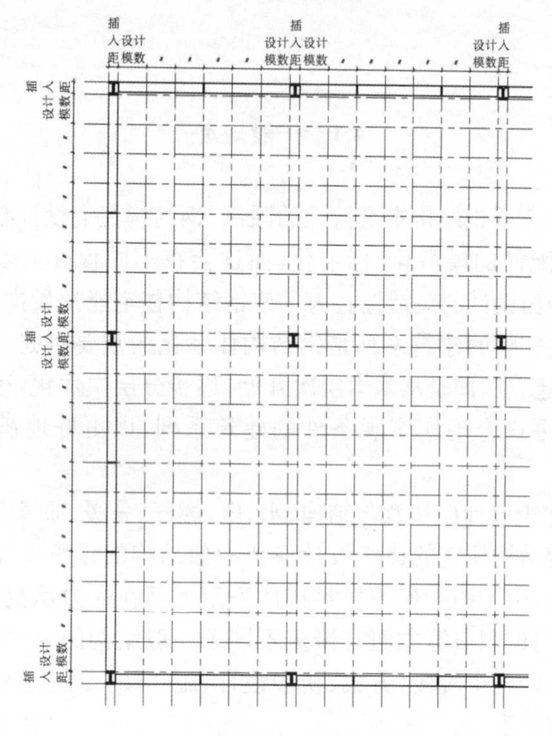

图 1　净模的定位方式

注：如果钢柱外围需要另作保温处理以克服热桥的，外围护构件的外皮可以移至与此保温层的外皮平齐。

2 钢结构住宅中外围护构件采用在主体结构外挂装的方式时，水平方向宜采用结构柱、梁中心线部分与模数网格线重合的定位方式，即除边柱(梁)外皮与外围护构件内皮重合，并通过模数网格线外，其余柱、梁的结构中心线与模数网格线重合(图 2)。

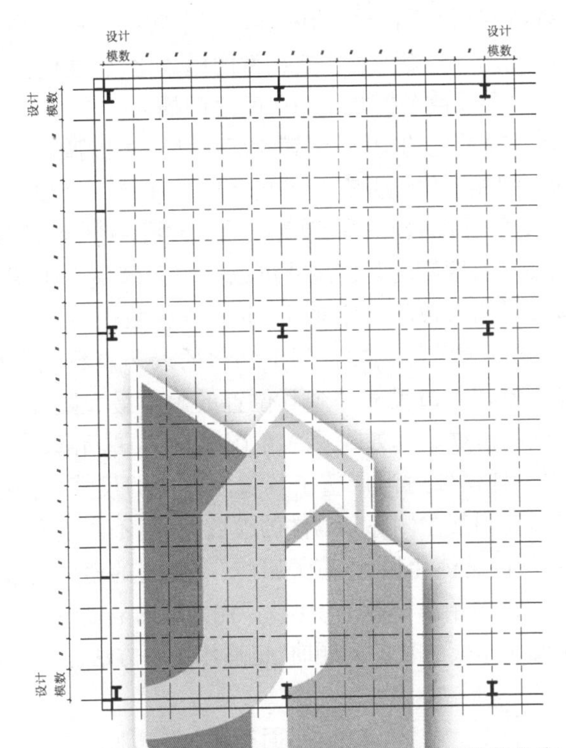

图 2　结构柱、梁中心线部分与模数网格线重合的定位方式

注：纵、横向外墙构件交接处的阳角及阴角处理，可采用在两块模数化的构件之间添加一块非模数化构件的构造方式，也可以采用一块模数化的构件与一块非模数化的构件直接连接的构造方式。

3　垂直方向结构构件与外围护构件可以分别按照不同的模数网格线定位。结构柱宜以上下层间的连接处与一道模数网格线重合；外围护构件视其与主体结构的相对位置以及连接构造，可以外挂墙板上下层间的连接处与一道模数网格线重合，亦可以层间填充墙体与一道模数网格线重合。

4.2.5　将非模数化的构件安置在一个模数化的空间里或者与周边模数化的构件相连接，很容易影响周边模数化的构件定位的自由度，或者造成相互间连接的困难。为了解决这一矛盾，可以使用以下方法来协调，以保证主要构件的模数化、标准化：

1 在两个或数个模数化的空间之间插入一个非模数化的间距，以安置非模数化的构件，但其外部尺寸应予以调整，有利于与模数化的空间相互协调并有利于相互间的连接。例如，如果将本标准附录 A 中图 A.1(c)中的单元模块 2 改成一个四边形的空间，只要保证其左右两侧的几何尺寸可以与单元模块 1 协调，该四边形的形状及另两条边的尺寸都可以进行非模数化的设计。

2 当在一个模数化的空间中必须插入非模数化的构件时，应尽可能调整其周边尺寸并令其位置的确定最大限度地减少对模数化空间的占据。例如附录 A 中图 A.1(A)单元模块 1 中的楼梯间，根据设计模数适当调整了其长度方向的尺寸，并在定位时做到了仅影响到其左侧部分构件的模数化，但不影响其左右两侧厨房、卫生间的整体化设计(有关厨房、卫生间的整体化设计的内容，详见第 4.3.3 条第 2 款的说明)。在处理内隔墙的厚度及其他构件截面尺寸非模数化的问题时，也适用这一方法。

4.3 平面布置

4.3.1，4.3.2 柱网结构轴线与模数网格线的关系参照第 4.2.1 条的说明。

以住宅单元和套型为单位实现模块化设计时，模块的外部尺寸应尽量满足模块间平接、错接、对称连接、凹凸连接等多种拼接的可能性；拼接处构件的定位应有利于模块间的衔接，并满足拼接后结构的合理性和建筑平面变动的可能性(见本标准附录 A)。

4.3.3

1 厨房、卫生间的位置靠近混凝土核心筒或混凝土剪力墙，可以使有水及有明火的房间尽量避开钢结构承重构件，以利钢构件的防火、防腐处理。

2 厨房、卫生间的平面净尺寸与厨卫设备产品采取模数协调，实现整体化设计，有利于实行工厂预制成品现场组装并实现一次装修到位。

4.3.4

2 公共部位的楼梯间和电梯井的平面尺寸为非模数化时，应首先通过整合公共部位的平面，例如调整楼梯间和电梯井的相对位置，使之尽可能组合成为周边模数化的模块；如有困难，可以将公共部位的设计模块作为非模数化的插入单元，令其在平面方向至少有两道侧边的构件定位符合所在建筑体系的设计模数定位法则，并尽量给周边留下模数化的空间。

4.4 层高和净高

4.4.1 现行上海市工程建设规范《住宅设计标准》DGJ 08—20 规定"住宅层高宜为 2.80 m，且不宜大于 3.20 m"。钢结构住宅体系主要是柱、梁、板的构造方式，其联结方式与钢筋混凝土体系不同，特别是在结构柱网中布置小空间平面（厨房、卫生间等）时，容易出现室内有梁的情况，在去掉钢梁及楼板厚度后，净高很可能低于 2.20 m，故本条将"层高宜为 2.80 m"提高到"宜控制在 2.80 m～3.00 m"，而过高的层高对建筑节能省地有直接影响，且钢结构提高层高后的性价比也与一般钢筋混凝土结构有一定差别，因此本条将层高的上限确定为"不应超过 3.60 m"。

4.4.2 室内各基本空间的净高，根据现行上海市工程建设规范《住宅设计标准》DGJ 08—20 规定"卧室、起居室不应低于 2.50 m，局部应不低于 2.20 m""厨房、卫生间不应低于 2.20 m。贮藏室不宜低于 2.00 m"。钢结构住宅设计应符合该规定。净高的概念，按照上述规范应是"楼面或地面至上部楼板底面或吊顶底面之间的垂直距离"。钢结构住宅应是到梁底吊顶底面的垂直距离。

4.5 外 墙

4.5.2～4.5.4 外墙构造上应满足受力、布管、布线要求。与其他墙体材料相比，具有良好保温、防水、隔热、隔声等物理特性。在生产过程中，消耗的原材料最少、生产能耗低、符合标准化要求；在施工中，能减少运输能耗、节约工时、提高施工效率；在建筑物使用寿命周期中，能有效减少耗能量。

墙面凹凸部分指例如线脚、雨篷、出檐、窗台等导致立面不平整的部位。

4.6 屋 面

4.6.1，4.6.2 屋面板的防火设计应满足现行国家标准《建筑设计防火规范》GB 50016 的要求；屋面保温隔热应按照现行行业标准《夏热冬冷地区居住建筑节能规范》JGJ 75 的要求进行设计，建筑屋面的传热系数(K)和热惰性指标(D)应符合表 1 的规定。

表 1 屋面的 K 和 D 值指标

围护结构	指标	
坡屋面和平屋面	$K \leqslant 1.0$ W/(m^2·K) $D \geqslant 3.0$	$K \leqslant 0.8$ W/(m^2·K) $D \geqslant 2.5$

注：当屋面 K 值满足要求，而 D 值不满足要求时，应按现行国家标准《民用建筑热工设计规范》GB 50176 的有关规定验算屋面的隔热设计要求。

4.7 楼 板

4.7.1 楼板的防火设计应满足现行国家标准《建筑设计防火规范》GB 50016 的要求。

4.7.2 楼板的空气声计权隔声量应大于等于 45 dB，居住空间楼板的计权标准化撞击声压级宜小于等于 75 dB。

1 住宅建筑楼层间楼板的传热系数(K)不应大于 2.0 W/(m^2 · K);底部自然通风架空楼板的传热系数(K)不应大于 1.5 W/(m^2 · K)。底部不通风架空楼板的传热系数可参照楼层间楼板的传热系数确定。

2 计算楼板传热系数(K)时,上、下两侧表面的换热阻之和可取下列数值:

1) 楼层间楼板取 0.22 W/(m^2 · K);

2) 底部自然通风(地下室外墙有窗或通风口)的架空楼板取0.19 m^2 · K /W;

3) 底部不通风(地下室外墙无窗)的架空楼板取 0.28 m^2 · K /W。

3 对卧室、起居室等有内热环境要求房间的钢筋混凝土整浇楼板,应实施复合保温。需由保温层补充的热阻值(Rb)应满足表 2 的要求。

表 2　三种楼板的 *Rb* 值

住宅建筑楼板本身指标				K 值要求 [W/(m^2 · K)]	Rb (m^2 · K/W)
部位	厚度 (mm)	R (m^2 · K/W)	R_0 (m^2 · K/W)		
楼层间楼板	120	0.07	0.29	≤2.0	≥0.21
	140	0.08	0.30		≥0.20
底部自然通风的架空楼板	120	0.07	0.26	≤1.5	≥0.41
	140	0.08	0.27		≥0.40
底部不自然通风的架空楼板(有地下室)	120	0.07	0.35	≤2.0	≥0.15
	140	0.07	0.36		≥0.14

4 对铺设有木搁栅和木地板的全装修住房,楼层间楼板(包括底部不通风架空楼板)可不设置保温层。对底部自然通风的架空楼板可在木搁栅之间粘贴憎水型半硬质矿面板,厚度不

应小于 20 mm;也可在楼板底面作保温砂浆抹灰或贴硬质矿棉板(20 mm 厚)。

4.8 内隔墙

4.8.1 内隔墙材料应轻质、高强、防火,且在生产过程中,应具有消耗的原材料最少、生产能耗低、符合标准化要求,有害物质限量应满足现行国家标准《建筑材料放射性核素限量》GB 6566的规定及相关的环保要求;在施工中,能减少运输能耗、节约工时、提高施工效率;在建筑物使用寿命周期中,能有效减少耗能量。

4.8.2 构造上应满足抗冲击力、暗敷管线要求。与其他墙体材料相比,在保温、隔声、防水、抗裂方面应具有良好特性。卫生间和房间隔墙必须进行防水处理,隔墙不应对穿开设孔洞。

4.8.3 内隔墙分户隔墙空气声计权隔声量应大于等于 50 dB;分室隔墙空气声计权隔声量应大于等于 40 dB。

4.8.4 内隔墙应满足建筑装饰的功能需求,选择的饰面材料中氨、甲醛、挥发性有机化合物(VOC)、苯、甲苯和二甲苯、游离甲苯二异氰酸酯(DTI)、氯乙烯单体、苯乙烯单体以及可溶性的铅、镉、铬、汞、砷等有害元素的限量指标应符合国家颁布的《室内装饰装修材料有害物质限量标准》具体 10 项分类强制标准,使室内环境污染符合现行国家标准《民用建筑工程室内环境污染控制规范》GB 50325 的规定。

4.9 门 窗

4.9.1 门窗的设计原则应与钢结构住宅设计的基本原则一致,即模数化、标准化及通用化。但由于构造上和施工安装上与一般结构形式不同,因此在门窗洞口的预留、门窗构件的加工时均应注意做到使用合理、安装简易、加工方便、安全耐久。

4.9.2 现行上海市工程建设规范《住宅设计标准》DGJ 08—20 中对门窗有着详细的规定，诸如各种不同房间的门洞口最小尺寸、公共部位门窗的防视线干扰措施、东西向外窗的遮阳等。特别是一些有关安全的强制性条文，是必须做到的。这在钢结构住宅设计中也应做到。

4.11 防水、防潮

4.11.2

1 钢结构住宅外墙围护系统若处理不当，会存在大量缝隙，易使外部雨水渗漏，为了加强和提高系统水密性和气密性，必须具备可靠的防水性能。

2 密封防水材料应选用耐候性密封胶，密封胶与混凝土的相容性、低温柔性、最大伸缩变形量、剪切变形量、防霉性及耐水性等均应满足设计要求，且应满足外饰面防污和环保要求。密封防水材料宜采用改性硅酮建筑密封胶、硅酮建筑密封胶或聚氨酯建筑密封胶。

3 有防水、抗渗要求的外墙，应采取有效措施。宜采用柔性防水层进行防水、防潮设防处理；当外墙外饰面为面砖或涂料饰面时，宜选择聚合物水泥防水砂浆，也可直接采用具有防水功能的装饰砂浆。

4.11.3

1 室内防水工程一般空间较小，节点相对较多，采用防水涂料处理相对灵活、方便，故室内防水以防水涂料为主，且应符合国家有关建筑装饰装修材料有害物质限量标准的规定。根据不同设防部位，防水材料宜选用单组分聚氨酯防水涂料、聚合物水泥防水涂料、聚合物乳液防水涂料等柔性防水涂料，或柔韧型的聚合物水泥防水砂浆、聚合物水泥防水灰浆等。

4.11.4 隔汽层是一道较弱的防水层，却具有较好的蒸汽渗透阻，大多采用气密性、水密性好的防水材料。隔汽层可隔绝室内湿气通过结构层进入保温层的构造层，常年湿度很大的房间的屋面应设置隔汽层。

5 结构设计

5.1 一般规定

5.1.2 多高层钢结构住宅荷载的计算同普通结构，应按照现行国家标准《建筑结构荷载规范》GB 50009 和《建筑抗震设计规范》GB 50011 确定。但经研究发现，非结构构件的填充墙或外挂墙板对结构的刚度有一定的影响，因此在计算风载和地震作用时采用的结构阻尼比应考虑填充墙或外挂墙板的影响。

同济大学科研人员曾在同济大学土木工程防灾国家重点试验室进行了带蒸压轻质加气混凝土外墙板的钢结构住宅足尺模型模拟地震振动台试验，根据试验数据和理论分析结果，给出了本条的阻尼比取值建议。

5.1.4 现行国家标准《建筑抗震设计规范》GB 50011 中规定多高层钢结构弹性层间侧移标准值不得超过结构层高的 1/250，第二阶段抗震设计的结构层间侧移不得超过层高的 1/50。在本标准中，罕遇地震下的层间位移与现行国家标准规定的限值相同。但对于小震下带填充墙和外挂墙板的多高层钢结构的弹性层间位移要求，本标准给出了不同的位移限值规定。同济大学科研人员曾在同济大学土木工程防灾国家重点试验室进行了带蒸压轻质加气混凝土填充和外挂墙板的钢框架结构的单调与低周反复试验、带蒸压轻质加气混凝土砌块填充墙的钢框架结构的单调与低周反复试验以及带蒸压轻质加气混凝土外墙板的钢框架结构足尺模型模拟地震振动台试验。试验发现，填充墙与外挂墙板相比，可对钢框架结构提供较大的抗侧刚度，但墙体发生开裂时结构的侧移较小。根据试验数据和理论分析结果，以填充墙或外挂墙板初始开裂时的层间位移作为本条的层间位移限值。

在保证主体结构不开裂和装修材料不出现较大破坏的情况下，最大层间位移限值可适当放宽。

当结构采用填充墙时，进行结构在风和小震作用下的侧移计算时，应考虑填充墙的刚度作用。如填充墙的有关刚度参数不能准确确定时，则结构侧移计算时可近似不考虑填充墙的刚度贡献，但将结构层间位移的计算结果乘以0.85的折减系数，以近似考虑填充墙的刚度影响。

对于外挂墙板，计算结构侧移时，可不考虑墙的刚度贡献。

5.1.7 规则结构一般是指体型（平面和立面）规则、结构平面布置均匀、对称并具有较好的抗扭刚度；结构竖向布置均匀，结构的刚度、承载力和质量分布均匀、无突变。但实际工程中，有时会出现平面或竖向不规则的情况。按现行行业标准《高层民用建筑钢结构技术规程》JGJ 99对结构平面布置及竖向布置的不规则性提出的限制条件，若结构方案中仅个别项目超过了限制条件，此结构属于不规则结构，仍按有关规定进行计算和采取相应的构造措施；若结构方案中有多项超过了限制条件或某一项超过较多，此结构属于特别不规则结构，应尽量避免。若结构方案中有多项超过了限制条件且超过较多，则此结构属于严重不规则结构，必须对结构方案进行调整。

5.2 结构选型和布置

5.2.1 表5.2.1是考虑结构安全及经济合理的要求，按现行国家标准《建筑抗震设计规范》GB 50011和现行行业标准《高层民用建筑钢结构技术规程》JGJ 99的最小值确定的。

钢框架支撑体系抗侧刚度高、抗震性能好，相比纯钢框架更经济合理，可优先采用。带竖缝剪力墙可提高剪力墙的延性，可用于钢框架剪力墙体系。根据近年研究工作和工程实践的开展，本次修编引入了分层装配支撑钢框架结构体系、交错桁架结构体系、模块化结构体系等新的结构体系，可根据项目的具体情况择优采用。

5.2.2～5.2.8 按《高层民用建筑钢结构技术规程》JGJ 99、《装配式钢结构建筑技术规范》GB/T 51232、《高性能建筑钢结构应用技术规程》（报批稿）、《轻型模块化钢结构组合房屋技术标准》（报批稿）取用。

5.2.4 典型的柱承重模块单元和墙承重模块单元构成如图3所示。

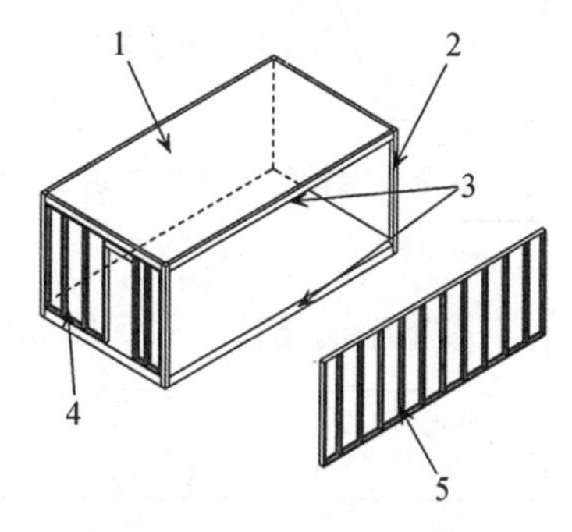

1—装饰板；2—角柱；3—边梁；4—开洞填充墙；5—非承重龙骨

(a) 柱承重模块单元示意

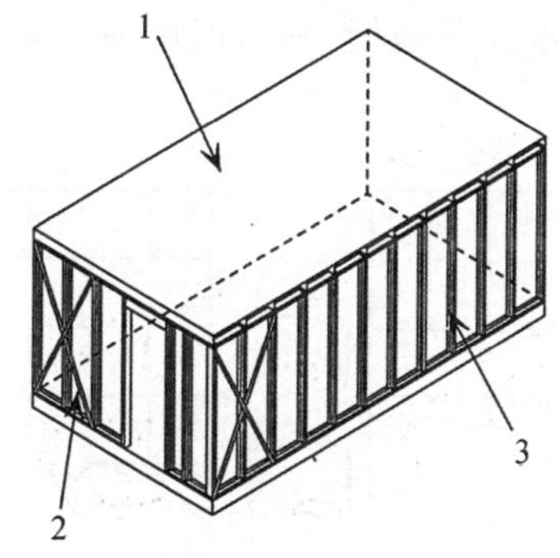

1—装饰板；2—加支撑的开洞填充墙；3—承重墙龙骨

(b) 墙承重模块单元示意

图3 模块单元构成示意

5.2.5 典型的分层装配支撑钢框架结构体系如图 4 所示。

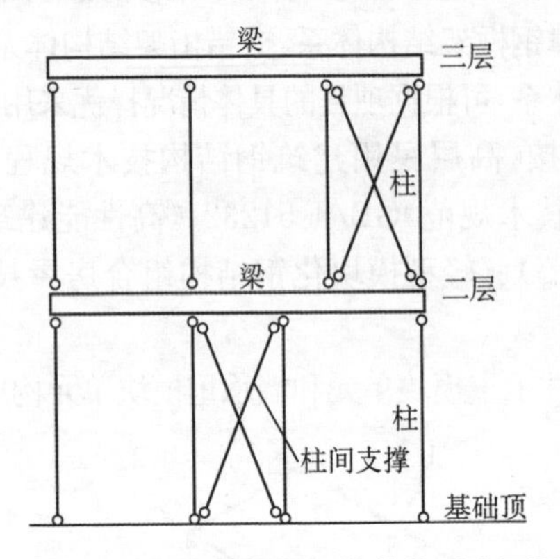

图 4 分层装配支撑钢框架结构体系立面示意

5.2.6

2 混合桁架和空腹桁架的结构形式如图 5 所示。

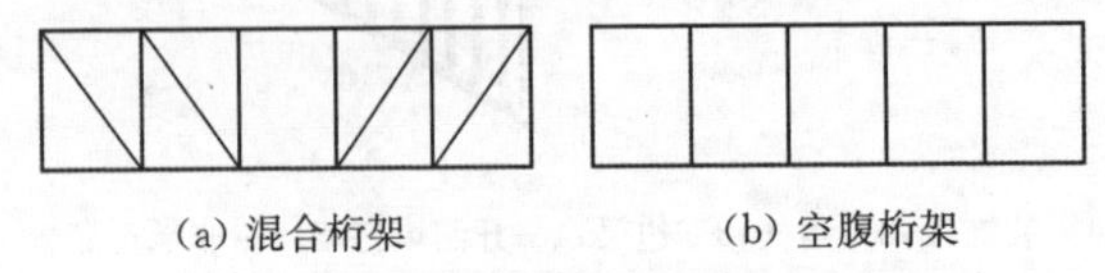

(a) 混合桁架　　(b) 空腹桁架

图 5 桁架采用的结构形式

3 当底层局部无落地桁架时,底层横向支撑的设置方法如图 6 所示。

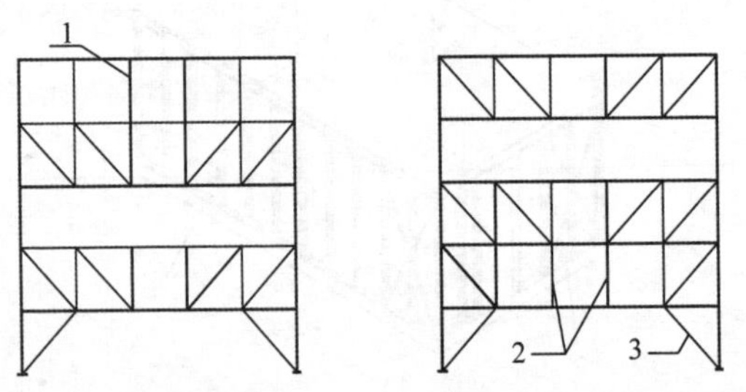

(a) 第二层设桁架时支撑做法　(b) 第三层设桁架时支撑做法

1—顶层立柱;2—二层吊杆;3—横向支撑

图 6 支撑、吊杆、立柱的布置

5.2.9 当主体结构定位优先考虑结构构件或组合件的尺寸组合时，定位和安装应采用中心线定位法；当需要优先考虑主体结构以外的构件和组合件的尺寸组合时，如外墙，定位和安装应采用界面（或制作面）定位法；同时，主体结构构件和组合件应做相应的模数化处理。具体如图 7 所示。

采用中心线定位法时，主体结构内侧间距一般为非模数尺寸。

采用界面定位法时，主体结构内侧间距或外侧间距可为模数尺寸。

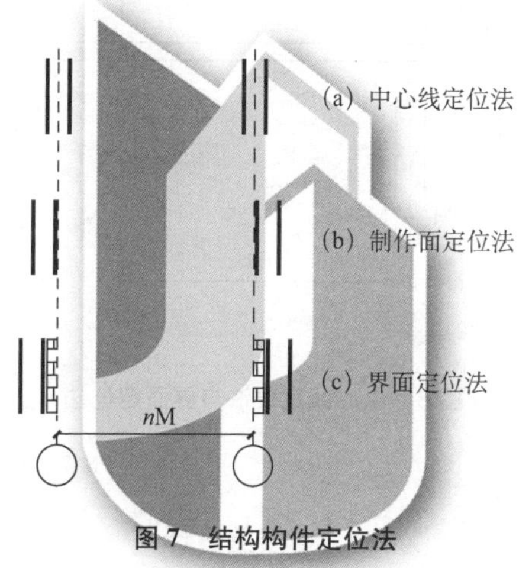

图 7 结构构件定位法

在钢结构和钢混结构住宅中，主体结构主要指钢结构和混凝土剪力墙体。

对主体结构的控制，依结构形式不同而有所区别。由于误差大的关系，主体结构的控制面应以基准面控制为准，以保障内侧尺寸。制作面和基准面之间的距离依施工误差大小而定，包括主体结构表面、倾斜、弯曲和表面凹凸的误差。

结构构件和组合件的模数化处理，包括主体结构厚度符合模数尺寸，水平支承部件搭接长度符合模数尺寸，非模数中断区的构造处理等。

5.2.10 工业化住宅施工工艺一般分为预制装配工艺和混合施工工艺。中心线定位法有利于结构装配构件的预制、定位和安装，但不利于建筑部件的联结和安装。界面定位法较有利于建筑部件的联结、安装，部件互换性强。

当柱截面尺寸或混凝土墙体厚度符合建筑整模数尺寸时，结构构件和建筑部件的定位设计模数网格统一，对结构构件的定位安装和建筑部件的定位安装都能满足模数协调的要求(图 8)。

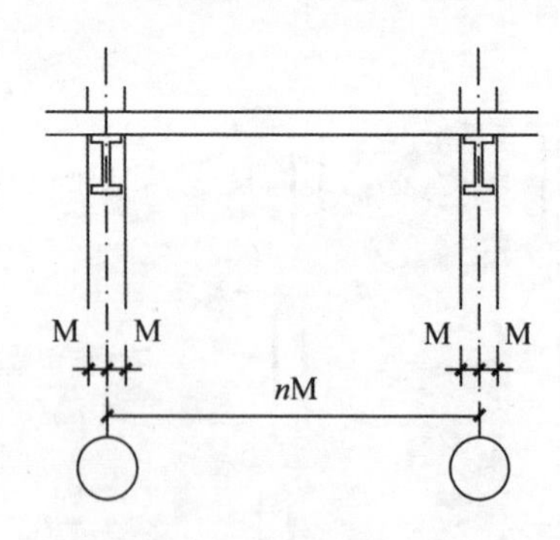

图 8 中心线定位法与界面定位法

5.3 楼盖设计

5.3.1 多高层钢结构住宅楼盖类型的选用

1 多高层钢结构住宅楼盖在结构受力上除抵抗竖向荷载外，其楼板尚有协同所有竖向构件参与整体工作，保证结构整体稳定的作用，故在楼板平面内亦需确保刚度及足够的抗剪抗弯强度，确保楼板与钢梁及抗侧力构件的连接强度。

钢筋混凝土楼板的最小截面尺寸及保护层厚度，应执行现行国家标准《高层民用建筑设计防火规范》GB 50045 和《建筑设计防火规范》GBJ 16 的相关规定。

楼板的构造选型应综合考虑并满足受力、布管和隔声、布线要求。竖向设计应考虑室内净高要求，合理确定层高。选择高强、轻质、价廉且具有良好的保温、隔热、隔声、防水、防火和防裂等综合性能的楼板。

多高层钢结构住宅楼板的选型，在满足施工要求方面，应改变现场混凝土支模、拆模的传统施工方式，减少现场施工的工作量，减少湿作业，充分发挥钢结构施工快的优势，符合标准化、工业化的要求。

2.3 现浇整体式钢筋混凝土楼板，以现浇钢筋混凝土楼板承受竖向荷载。楼板的整体性好，适用于所有多高层钢结构住宅。当采用现浇整体式轻骨料混凝土楼板时，尚具有轻质、隔热的优点。

1) 现浇整体式钢筋混凝土楼板一般有如下做法。

(1) 压型钢板混凝土组合楼板

这种楼板属于现浇整体式混凝土楼板的一种。压型钢板一般作为永久性模板，在有合理措施的情况下，压型钢板可替代部分受力钢筋，形成叠合楼板。

优点：施工速度快，承载力高。

缺点：造价较高，底面不平整，防火能力差，在保证楼板最小防火厚度的情况下，总厚度较大。

(2) 现场支模现浇整体式钢筋混凝土楼板

优点：整体性好，底面平整。

缺点：楼板需支模、拆模，现场工作量大，施工速度慢，不符合产业化的要求。

(3) 钢筋桁架吊模现浇整体式钢筋混凝土楼板

由钢筋或小型钢焊接的桁架或平面网架连接吊挂底部模板的施工方法。

钢筋或小型钢焊接的桁架或平面网架，国内已有大量的生产线，并在设计上可代替楼板中的全部或部分受力钢筋。

连接吊挂底部模板，目前国内有无机玻璃钢模壳和小波型压型钢板等。这种楼板在钢结构住宅试点工程中已得到大量的应用。

优点：施工速度快，整体性好。

缺点：底面不平整，造价仍较高，无机玻璃钢模壳需拆模。

这种做法关键是解决底部模板的取材问题，宜使用质轻、高强的平板材料，如采用纤维增强轻骨料混凝土平板、纤维增强加气混凝土平板等，应满足免支模、拆模要求，并能取代分户楼板的保温层。该做法尚有待进一步优化、开发完善。

装配整体式钢筋混凝土楼板，以预制板承受竖向荷载或预制板与混凝土现浇层叠合共同承受竖向荷载，用混凝土现浇层保证其整体性。楼板的整体性较好，适用于12层以下多高层钢结构住宅。

2）装配整体式钢筋混凝土楼板一般有如下做法。

(1) 预制SP板（高强预应力空心板）装配整体式钢筋混凝土楼板，以预制板承受竖向荷载，用混凝土现浇层保证其整体性，为非叠合楼板。

优点：装配化。

缺点：楼板总厚度较大，板缝之间易出现裂缝。

(2) 预制夹芯混凝土复合板装配整体式钢筋混凝土楼板，用混凝土现浇层保证其整体性，一般为非叠合楼板。

由2.0 mm～3.0 mm的低碳冷拔钢丝焊成网片，两平行网片间夹以阻燃型聚苯乙烯泡沫板或岩棉板等轻质保温材料作为板芯，中间斜向交叉插入2.2 mm～2.3 mm的腹丝，以先进技术和工艺焊接成的三维空间网架夹芯板。夹芯板运至施工现场安装固定后，在板的两侧面喷涂普通细石混凝土而形成复合板。

优点：装配化并具保温、隔热功能。

缺点：制作复杂，设备需进口，造价高。

(3) 预制混凝土叠合楼板

根据现浇结构使用要求和制造时的受力特点，预制的单个构件运至现场装配，再在其上浇捣现浇混凝土，从而形成叠合装配整体结构。这种楼板的跨度一般为 4 m～6 m，基本可以满足钢结构住宅建筑的跨度要求。

现在尚有高效预应力双向叠合楼盖。其板侧拼缝加宽 150 mm～200 mm，预制底板横向钢筋在板缝内实现搭接，并加配构造钢筋，使叠合板形成双向板受力状态。

优点：装配化，叠合楼板总厚度可得到控制。

缺点：板缝之间易出现裂缝。

(4) 空心叠合楼板

带肋薄板替代传统的平板型底板，可以提高底模的承载力和刚度，叠合板的混凝土后浇层施工中，以轻质材料来替换部分混凝土以减轻结构自重，改善结构的性能和降低造价，形成预应力混凝土夹芯叠合楼板。

“夹芯”的形成方法，目前主要有两种途径。一是使用质轻、价廉材料，如化工材料、木材制品等，制成特定形状的块材，施工时与构件的混凝土浇成一体；二是采用充气柔性管材或采用聚苯乙烯制成的圆柱体轻质泡沫塑料作为填充物，可顺利地形成“夹芯”，称为空心叠合板。

优点：装配化，自重减轻，叠合楼板总厚度可得到控制。

缺点：板缝之间易出现裂缝。

(5) 预制轻骨料或加气混凝土板装配整体式楼板

采用预制轻骨料或者加气混凝土的楼板可以大大减轻结构的自重，同时具有较好的隔热功能，有条件的地区可采用。宜采用预制带肋薄板提高底模的承载力和刚度，并与混凝土现浇层形成叠合板。这种做法有待进一步开发完善。

优点：装配化，自重减轻，叠合楼板总厚度可得到控制，保温好。

缺点：底模板缝之间易出现裂缝。

组合楼板应按有关标准采用抗剪连接件与钢梁连接。叠合板及预制板应设预埋件与钢梁焊接。板缝宜按抗震构造埋设钢筋。混凝土叠合板的现浇层不宜小于 50 mm。各种楼板均应与剪力墙或核心筒有可靠的传力连接。

对于平面不规则,如平面凹口、楼板上开大洞、结构错层及平面传力需要等情况,通过合理布置楼面水平支撑,保证结构整体性。值得注意的是,水平支撑设置后,需设吊顶,影响了住宅层高,增加了工程投资,故一般钢结构住宅宜采用规则的建筑方案。

4 屋面板在保证结构整体性上较重要,且受温度影响较大,同时也应与上海市、国家的有关标准相协调。

5.3.3 现浇楼盖的混凝土强度等级不宜过高是控制混凝土楼板裂缝的要求。

5.3.4 楼盖设计及构造要求

1 为保证结构整体性,满足住宅隔声、抗裂及暗敷管线的要求,同时也与上海市、国家的有关标准相协调。厨房、卫浴的楼板的最小厚度限值可酌情减小。

2 楼盖梁的布置宜采用主梁和次梁平接的设计方案,即主梁与次梁布置在同一层平面内,不宜叠接。主要为控制建筑层高,增加结构平面的整体性与钢梁的整体稳定性。

3 宜采用组合梁、组合板设计计算方案,控制用钢量,并提示设计计算要点。

4 设计中易被忽视,一般多高层钢结构建筑施工阶段,需设置临时水平支撑、垂直支撑等。本条是为确保钢结构住宅施工阶段的安全所提出的要求。

5 为保证结构整体性与传力。

5.3.5 为确保装配整体式楼盖的整体性与传力而提出的要求。

5.4 构件设计

5.4.2 构件设计的基本要求及与建筑模数的协调:

1 住宅建筑中结构网格应与建筑模数网格取得一致,结构构件根据结构网格，宜采用中心线定位法或制作面定位法。

2 钢结构构件的截面尺寸根据建筑基准模数设置分模数体系，这样便于确定构件的规格，使构件满足标准化的要求，并便于与建筑部件的安装与尺寸配合。

4 结构构件的互换，主要是截面型式互换和截面规格互换。实现构件互换的关键是确定构件的边界条件，使安装构件和被安装构件达到相互尺寸的配合。

5.4.3 框架柱设计

1 大宽厚比构件在长期荷载(单调静力荷载)作用下的承载力已经有大量研究，并且这类构件已被广泛应用。同济大学对具有非厚实截面特征的H形截面构件进行了一定数量的试验研究和数值分析，结果表明，当构件截面翼缘宽厚比和腹板高厚比符合本款的要求时，构件能满足$V_u/V_e \geqslant 1$和$V_{50}/V_u \geqslant 0.75$两个条件，其中$V_u$为考虑局部屈曲后的计算极限承载力，$V_e$为在轴力和弯矩共同作用下截面边缘屈服时的水平承载力，V_{50}为构件在相对变形1/50的循环中尚能保持的水平承载力。满足上述两个条件，意味构件可以保持一定的延性，并且能继续承受作用其上的重力荷载。研究结果已用于5层轻型钢结构试点房建设。

对于低多层房屋，一般柱子轴力不大；大宽厚比柱子的轴压比不宜超过0.4。

虽然本款关于宽厚比限值的各式在形式上考虑了不同等级强度钢材的换算，鉴于已完成试验的构件只限于Q235、Q345钢材，使用更高强度钢材时，宜进行补充试验和论证。

2 在框架柱的稳定设计中，框架柱的计算长度取值非常关键。现行钢结构设计中，框架柱的计算长度均按《钢结构设计标准》GB 50017中的附录D(有侧移与无侧移框架柱的计算长度表)查取。对于部分侧移框架柱，该标准没有给出相应的框架柱计算长度公式，只给出了轴心受压构件稳定系数的插值方法，这让工程师非常困惑，因为在规范平面内稳定公式中要利用屈曲荷载(需计算框架柱计算长度)来考虑二阶效应。李国强、沈祖炎的论著《钢框架结构体系弹性及弹塑性分析与计算理论》(上海:上海科学技术出版社,1998 年),李国强、刘玉姝、赵欣的论著《钢结构框架体系高等分析与系统可靠度设计》(北京:中国建筑工业出版社,2006 年)以及侯和涛的博士论文《钢结构框架柱极限承载力验算方法研究》(同济大学,2005 年)给出了框架柱计算长度的实用公式,使工程师只需进行简单计算就能求出不同约束条件下的柱计算长度。

本条给出的框架柱无侧移和有侧移时计算长度系数计算式是近似公式,按行业标准《高层民用建筑钢结构技术规程》JGJ 99—2015 第 6.3.2 条的规定采用,其具有较好的精度,由于是代数式,比现行国家标准《钢结构设计标准》GB 50017 中的超越方程简便。k_T 是与支撑框架柱顶刚度有关的参数,研究表明,当$k_T \geqslant 60$,即柱顶的侧向刚度达到柱本身侧向刚度的 5 倍及以上时,柱属于无侧移失稳类型。式(5.4.3-6)是框架柱界于无侧移和有侧移之间的弱支撑框架柱计算长度系数计算式,研究表明,它与理论值吻合较好,而运算比现行国家标准《钢结构设计标准》GB 50017 简单,故在此采用。k_T 限值的确定和式(5.4.3-6)参考了同济大学侯和涛的博士论文《钢结构框架柱极限承载力验算方法研究》的研究结果。

5.5 节点设计

5.5.1 根据工业化住宅的要求,钢结构住宅的节点应安全可靠、安装简便,并形成定型的规格和尺寸。

5.5.2 为方便工厂化施工,H 型钢梁与 H 型钢柱或钢管柱/钢管混凝土柱宜尽量采用高强螺栓连接。

国外多次地震灾害表明,采用半刚性连接具有良好的抗震性能。1994 年美国 Northridge 地震和 1995 年日本阪神地震造成数百栋钢框架建筑的严重破坏,虽然地震没有造成房屋的倒塌,但是许多焊接刚性节点因延性较差发生严重的脆性破坏，造成巨大的经济损失，引起有关组织和专家的广泛关注。震害表明，采用螺栓连接的钢框架成为一种可靠的选择。

尽管半刚性连接的设计和加工比较复杂，但是半刚性连接具有良好的经济性。与铰接相比，半刚性连接可以提高结构承载力，节省钢材；与刚接相比，可少用或不用工地焊接，具有施工速度快的优势，且人工成本上的节省可大于连接多消耗的材料费用。

现行国家标准《钢结构设计标准》GB 50017 提出“在内力分析时，必须预先确定连接的弯矩一转角特征曲线，以便考虑连接变形的影响”。该标准原则性地明确了在钢框架的分析和设计中考虑半刚性连接节点对框架内力的影响，但没有提出有关这类框架分析和设计的具体标准，也没有对节点的半刚性连接的计算及节点刚度的性能模拟给出具体规定。对于多高层钢框架的设计，在相关的规范和规程中，都要求梁柱节点采用刚性连接，而不考虑节点的半刚性。现行国家标准《建筑抗震设计规范》GB 50011 只是简单地要求在抗震设计中考虑节点柔性的影响。

随着理论和试验进展的不断深入，我们有理由相信半刚性连接组合框架会广泛应用到工程实践。由国家杰出青年科学基金(50225825)资助的“多高层钢结构及钢结构抗火设计理论研究”项目中，王静峰、刘清平和石文龙进行了半刚性连接组合框架的设计研究工作，并给出了简单可行的半刚性连接组合框架的设计方法[详见王静峰的博士论文《竖向荷载作用下半刚性连接组合框架的实用设计方法》(同济大学，2005)、刘清平的博士论文《水平荷载作用下半刚性连接组合框架的实用设计方法》(同济大学，2006)以及石文龙的博士论文《平端板连接半刚性梁柱组合节点的试验与理论研究》(同济大学，2006)]。

5.5.3 在设计主次梁节点时，尤其应该注意考虑剪力偏心对连接受力的影响以及次梁的反力对主梁的偏心作用。

5.5.4 混合结构中钢筋混凝土墙与钢框架之间可能存在竖向差

异变形，钢梁与混凝土墙采用铰接可以降低由于竖向差异变形引起的连接节点中的内力。

外框架采用梁柱刚接，能提高外框架的刚度及抵抗水平地震的延性能力。如在混凝土筒体墙中设置型钢时，楼面钢梁与混凝土筒体可采用刚接，也可采用铰接；当混凝土筒体墙中无型钢柱时，宜采用铰接。

钢筋混凝土墙上设置预埋件，经大量试验与计算分析得出本条的计算方法，尤其是梁在使用状态下的轴力，应在设计中注意考虑。

混凝土墙中设置型钢已经在国内很多工程中使用，主要有以下作用：①提高混凝土墙的延性；②使与钢梁相接的墙上预埋板与型钢连成一体，定位精确，不受混凝土浇筑误差的影响；③墙内型钢架与外部钢框架独立形成框架体系可以先行安装，之后墙体混凝土与楼板混凝土同时浇注，使钢框架的安装不受混凝土工序进度与操作的影响，而且加强了混凝土墙与楼板的连接。

5.5.5 多高层钢结构住宅的刚接柱脚[图 9(b)]需能可靠传递柱端的弯矩、剪力和轴力，而铰接柱脚仅需能可靠传递柱端的轴力与剪力。当多高层钢结构住宅有地下室时，柱脚和地下室的底板宜采用铰接的形式[图 9(a)]，原因是在地下室范围内的框架部分的抗侧刚度虽然较弱，但是框架部分通过楼板和地下室形成整体，仍然具有较大的刚度，对上部结构的抗侧刚度影响不大，但柱脚的构造大大简化。

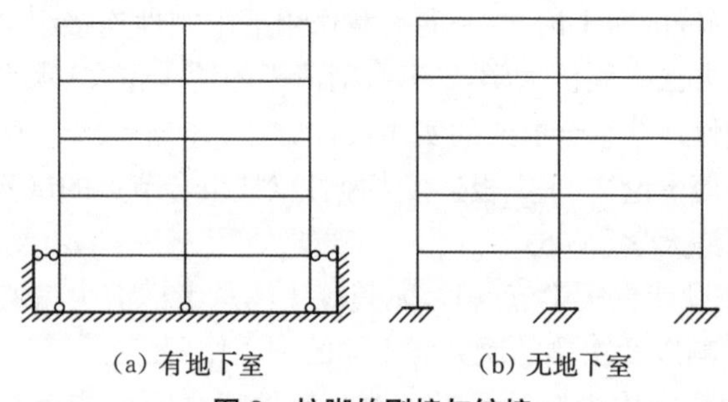

图 9　柱脚的刚接与铰接

5.5.6 国内外高层钢结构的很多震害或施工中出现的事故说明复杂或不合理的节点构造设计（尤其是焊缝设计）是质量事故发生的重要间接因素，而不是设计计算问题。

5.6 钢结构防火

5.6.1 传统的抗火设计是基于构件标准耐火试验进行的。实际上，将构件从结构中孤立出来，施加一定的荷载，然后按一定的升温曲线加温，并测定构件耐火时间的方法，存在很多问题。首先，构件在结构中的受力很难通过试验模拟，实际构件受力各不相同，试验难以概全，而受力的大小对构件耐火时间的影响较大；其次，构件在结构中的端部约束在试验中难以模拟，而端部约束也是影响构件耐火时间的重要因素；最后，构件受火在结构中会产生温度应力，而这一影响在构件试验中也难以准确反映。正是注意到试验的上述缺陷，结构抗火设计方法已开始从基于试验的传统方法转为基于计算的现代方法。

结构构件的耐火极限主要指构件在一定的荷载作用下，受标准火灾升温，从受火开始至构件破坏的时间。

5.6.2～5.6.6 按现行国家标准《建筑钢结构防火技术规范》GB 51249取用。

5.6.7 由于目前国内外对火灾下各种连接的受力性能缺乏研究，这方面的资料还很少，本条暂时只作原则性规定。

5.7 钢结构防腐

5.7.1 本标准第5.7节的部分内容的制定参考了下列5个标准。本标准未详尽之处，可参见下列5个标准中的相关条款：

1）《钢结构设计标准》GB 50017。

2）《涂装前钢材表面锈蚀等级和除锈等级》GB/T 8923。

3）现行国家标准《钢结构工程施工质量验收规范》GB 50205。

4）现行国家标准《建筑防腐蚀工程施工及验收规范》GB 50212。

5）*Paints and varnishes—Corrosion protection of steel structures by protective paint systems* ISO 12944。

本标准各条款中所述的环境侵蚀作用的类别可按照表3的规定划分。

表3 钢结构环境侵蚀作用分类

序号	地区	相对湿度	对结构的侵蚀作用分类	
			室内	室外
1	郊区、市区的商业区及住宅区	干燥，＜60%	无侵蚀性	弱侵蚀性
2		普通，60%～75%	无侵蚀性	中等侵蚀性
3		潮湿，＞75%	弱侵蚀性	中等侵蚀性
4	化工环境、工业区、沿海地区	干燥，＜60%	弱侵蚀性	中等侵蚀性
5		普通，60%～75%	弱侵蚀性	中等侵蚀性
6		潮湿，＞75%	中等侵蚀性	中等侵蚀性

注：1 表中的相对湿度系指多高层钢结构住宅所在地的年平均相对湿度，对于恒温或者有相对湿度指标的建筑物，则按室内相对湿度采用。

2 郊区、市区的商业区及住宅区泛指无侵蚀介质的地区，化工环境、工业区、沿海地区则包括受侵蚀性介质影响及散发轻微侵蚀性介质的地区。

5.7.2 本条为新增条文。条文中列出了常用的防腐蚀方案，其中防腐蚀涂料是最常用的防腐蚀方案，各种工艺形成的锌、铝等金属保护层包括热喷锌、热喷铝、热喷锌铝合金、热浸锌、电镀锌、冷喷铝和冷喷锌等。

5.7.5 考虑钢结构住宅所处的环境、抗腐蚀要求上的差别，故规定除有特殊需要外，设计计算中一般不应考虑因腐蚀而采取再加大钢材截面厚度的方法。

5.7.6 本条重点强调了重要构件和难以维护的构件要加强防护。

5.7.7 结构防腐设计应符合下列规定：

1　在中等侵蚀环境中的承重构件，不宜采用格构式结构及薄壁型钢构件，应尽量采用表面积与重量比较小的管形封闭截面以及较规则、简单、便于涂装、维护的实腹式(工字型、H型、T型)截面。

2　由角钢组成的T型截面或由槽钢组成的工字型截面在构造上形成容易积灰、积湿的角和槽，在中等侵蚀环境中易遭到腐蚀。

3　对于型钢组合的构件，在防腐设计中应考虑为涂装的施工、检修、维护留有必要的空隙；若无法满足空隙宽度的要求，宜采用耐候钢或使用期间无须维护的涂装。

5.7.8　钢材表面的四个锈蚀等级分别以A，B，C和D表示。这些锈蚀等级的文字叙述和典型样板照片见现行国家标准《涂装前钢材表面锈蚀等级和除锈等级》GB/T 8923。

5.7.9　住宅钢结构的防腐方法主要有三类：

1）镀层的金属保护法，包括电镀、喷镀、化学镀、热镀和渗镀等。

2）化学保护法，包括氧化铝的电化学氧化、磷化或钝化等。

3）涂刷或喷涂的非金属保护法，包括有涂料、塑料及搪瓷等的保护法。

目前，应用较多且可靠的方法有热浸镀锌的金属保护法及涂料的非金属保护法。其中，热浸镀锌被普遍认为是一种长效防腐蚀的方法，但造价比其他方法要高，在有条件的情况下，应以热浸镀锌方法为首选。在各种涂料的非金属保护方法中，采用富锌涂料是行之有效的措施之一。

1，2　防腐涂层一般由底漆、中间漆及面漆组成，选择涂料时应考虑与除锈等级的匹配以及漆层间的匹配，不应发生互溶和咬底现象。底漆应选用防锈性能好、渗透性能强的品种。面漆应选用光泽性能好、耐候性优良、施工性能好的品种。

挥发性有机化合物(VOC，Volatile Organic Compounds)指任何参加气相光化学反应的有机化合物，包括碳氢化合物、有机卤化物、有机硫化物、羟基化合物、有机酸和有机过氧化物等。对于有机非金属涂料，VOC的作用和影响不容忽视，其生产和施工过程中会对大气和水体造成污染，且VOC多为易燃易爆，对施工人员和身体健康与生命安全造成威胁。因此，须对涂料中VOC的含量进行控制。钢结构工程所用防腐蚀底漆、中间漆和面漆的配套组合可参见表4。

4 对表面需要特别加强防护的重要承重构件、使用期间不能重新涂装的构件以及在中等侵蚀环境中的重要承重构件，当有技术经济合理依据时，可采用表面热喷涂锌(铝或锌、铝复合)涂层，并外加封闭涂料的长效复合涂层的做法。其工艺应满足现行国家标准《热喷涂铝及铝合金涂层》GB 9795和《热喷涂铝及铝合金深层试验方法》GB 9796的要求。热喷铝涂层总厚度可为120 μm～150 μm，其面层封闭涂料可按环境条件分别选用乙烯树脂类、聚氨酯类、氯化橡胶或环氧树脂涂料。

表4 钢结构所用防腐蚀底漆、中间漆和面漆的配套组合

<table>
<tr><th>序号</th><th>底漆与中间漆</th><th>面漆</th><th>最低除锈等级</th><th>适用环境构件</th></tr>
<tr><td>1</td><td>红丹系列(油性防锈漆、醇酸或酚醛防锈漆)底漆2道
铁红系列(油性防锈漆、醇酸底漆、酚醛防锈漆)底漆2道
云铁醇酸防锈漆底漆2道</td><td>各色醇酸磁漆
2道～3道</td><td>St2</td><td>无侵蚀作用构件</td></tr>
<tr><td>2</td><td>氯化橡胶底漆1道</td><td>氯化橡胶面漆
2道～4道</td><td rowspan="4">Sa2</td><td rowspan="4">1. 室内外弱侵蚀作用的重要构件；
2. 中等侵蚀环境的各类承重结构</td></tr>
<tr><td>3</td><td>氯磺化聚乙烯底漆2道＋氯磺化聚乙烯中间漆1道～2道</td><td>氯磺化聚乙烯面漆
2道～3道</td></tr>
<tr><td>4</td><td>铁红环氧酯底漆1道＋环氧防腐漆2道～3道</td><td>环氧清(彩)漆
1道～2道</td></tr>
<tr><td>5</td><td>铁红环氧底漆1道＋环氧云铁中间漆1道～2道</td><td>氯化橡胶漆2道</td></tr>
</table>

续表4

<table>
<tr><th>序号</th><th>底漆与中间漆</th><th>面漆</th><th>最低除锈等级</th><th>适用环境构件</th></tr>
<tr><td>6</td><td>聚氨酯底漆1道+聚氨酯磁漆2道～3道</td><td>聚氨酯清漆1道～3道</td><td rowspan="3">Sa2</td><td rowspan="3">1. 室内外弱侵蚀作用的重要构件；
2. 中等侵蚀环境的各类承重结构</td></tr>
<tr><td>7</td><td>环氧富锌底漆1道+环氧云铁中间漆2道</td><td>氯化橡胶面漆2道</td></tr>
<tr><td>8</td><td>无机富锌底漆1道+环氧云铁中间漆1道</td><td>氯化橡胶面漆2道</td></tr>
<tr><td>9</td><td>无机富锌底漆2道+环氧中间漆2道～3道(75 μm～100 μm)+(75 μm～125 μm)</td><td>脂肪族聚氨酯面漆2道(50 μm)</td><td>Sa2$\frac{1}{2}$</td><td>需特别加强防锈蚀的重要结构</td></tr>
</table>

注:1 第4项配套组合(环氧清漆面漆)不适用于室外曝晒环境。
2 当要求较厚的涂层厚度(总厚度>150 μm)时,第2,5及6项配套组合的中间漆或面漆宜采用厚浆型涂料。

5.7.10 钢结构工程在构造上应避免难于检查、清刷和油漆之处以及积存湿气、灰尘的死角和凹槽,例如尽可能将角钢的肢尖向下以避免积存灰尘,大型构件应考虑设置维护时通行人孔和走道,室外结构应着重避免构件间未贴紧的缝隙,与砖石砌体或土壤接触部分应采取保护措施,应将管形构件两端封闭不使空气进入。

凡容易漏雨、飘雨之处,锈蚀均较严重,应引起重视,在构造处理上应注意,并应规定坚持定期维修制度,确保安全使用。

6 埋入土中的钢柱,其埋入部分的混凝土保护层若不伸出地面或柱脚底面与地面标高相同时,因柱身(或柱脚)与地面(土壤)接触部位的四周易积水和尘土等杂物,将致使该部位严重腐蚀,故规定钢柱埋入土中部分混凝土保护层或柱脚底板均应高出地面一定距离。

7 构件直接与铝合金金属制品等接触时,会引起接触电偶腐蚀(接触性腐蚀),应在构件接触表面涂 1 道～2 道铬酸锌底漆及配套面漆阻隔或设置绝缘层隔离,相互间的连接紧固件应采用热镀锌的紧固件。

5.7.11 冷弯薄壁型钢构件应按现行国家标准《冷弯薄壁型钢构件技术规范》GB 50018 的要求,采用更严格的防护和涂装措施。

2 对除锈要求较高时,冷弯薄壁型钢檩条等构件,可采用热浸镀锌薄板(卷)直接进行冷弯成型,不得采用电镀锌板,也不宜冷弯成型后再进行热浸镀锌,其镀锌量对应于无侵蚀、弱侵蚀与中等侵蚀环境,应分别不小于 180 g/m^2、220 g/m^2 及 275 g/m^2(均为双面)。当镀锌面层外尚需再加防护涂层时,应按现行国家标准《冷弯薄壁型钢构件技术规范》GB 50018 的规定选用锌黄类底漆及配套面漆。

5.7.12 钢结构的防火涂料作为功能性涂料,其主要作用是防火,钢结构的防腐蚀还是需要防锈底漆来完成。钢结构防火涂装所用防腐蚀底漆系统可参见表 5。

表 5 防火涂装所用防腐蚀底漆系统

涂装系统	漆膜厚度(μm)
醇酸磷酸锌防锈底漆(快干型)	75
环氧磷酸锌防锈底漆	75
环氧富锌底漆	75
无机富锌底漆	75
改性环氧底漆	125
环氧云铁防锈底漆	125

6 建筑设备

6.1 一般规定

6.1.3 作为住宅建筑，私有性也就决定了其具有私密性，因此设备维修或保养只有在本用户的使用空间内或公共区域内才是方便的，否则将会影响其他住宅户的使用，同时也给维修带来困难，甚至无法进行维修工作。

6.1.4 使用中的管道与管线常有微小的振动，当与钢梁柱的孔洞边缘接触时会产生磨损和振动声，应予避免。因此，本条要求预留孔留有空隙或空隙处采用柔性材料填充，预留孔预留空隙尺寸可参见相关国家建筑标准设计图集。同时，此处的柔性填充材料应为不燃材料。

穿越防火墙或楼板采用不燃、柔性材料填充的目的是为了避免火灾时的火焰通过这些缝隙蔓延到相邻的防火分区。钢构件的机电管线穿孔位置及孔径应与机电专业共同确定，并宜在钢结构厂统一制作。

6.1.6 设备支吊架的做法可参见相关国家建筑标准设计图集。

6.2 给排水

6.2.1 住户水表设于户外可以不进户抄表，方便抄表人员操作。公共功能的管道、阀门、设备或部件设在住户套内不方便检修和操作，尤其是当发生事故需要关闭检修阀门时，因设置阀门的住户无人而无法进入，影响正常维护。

6.2.2 为便于给水总干管、雨水管、消防管的维修和管理，不影响套内空间的使用，规定上述管线不应布置在套内。

6.2.3 为便于日后管道维修拆卸，给水系统的给水立管与部品配水管道的接口宜设置内螺纹活接连接。实际工程中，由于未采用活接头，在遇到有拆卸管路要求的检修时只能采取断管措施，增加了不必要的施工量。

6.2.4 采用装配式的管线及其配件连接，可减少现场焊接和热熔工作。分水器设置位置需考虑维护检修空间，并宜设置漏水检测和排水措施。

6.2.5 给水管道应进行防结露保温，避免钢结构腐蚀。防结露计算可参照《全国民用建筑工程设计技术措施(2009)：给水排水》(中国计划出版社，2009 年)有关章节，防露层的选择及施工一般可按现行国家标准图集《管道和设备保温、防结露及电伴热》16S401 实施。保温材料应选用符合现行国家标准《建筑材料及制品燃烧性能分级》GB 8624 中规定的不低于 B_1 级标准的材料。

当介质温度为 5 ℃，环境温度为 10 ℃，塑料给水管道采用玻璃棉制品防结露保温时，防结露保温层厚度参见表 6。

表 6 采用玻璃棉制品的防结露保温层厚度

公称直径(mm)	15	20	25	32	40	50	70	80	100
绝热层厚度(mm)	25	25	25	25	25	30	30	30	30

当介质温度为 5 ℃，环境温度为 10 ℃，塑料给水管道采用泡沫橡塑制品防结露保温时，防结露保温层厚度参见表 7。

表 7 采用泡沫橡塑制品的防结露保温层厚度

公称直径(mm)	15	20	25	32	40	50	70	80	100
绝热层厚度(mm)	25	25	30	30	30	30	30	35	35

6.2.6 排水管道宜采用橡胶密封圈柔性接口机制的排水铸铁管、HDPE 消音管、双臂芯层发泡塑料排水管、内壁螺旋消音塑料排

水管等有消音措施的管材及配件。

6.2.7 卫生间排水应采用同层排水方式，给排水管道敷设在本层，除了给排水立管需要管道井，其他横支管在本层接入立管，减少管道穿越楼板，避免管道漏水影响下层住户，有利于住户个性化布置卫生器具。

6.2.8 支架不应对钢柱等钢结构件的防火保护层造成破坏，支架应满足本标准第 6.1.7 条的规定。

6.2.9 当采用聚烯烃类排水管道时，其贯穿部位防止火势蔓延的技术措施应满足国家现行标准的相关要求。阻火圈的耐火极限不应小于国家现行标准的有关规定。

6.3 供暖、通风与空调

6.3.1 集中供暖系统中需要专业人员操作的阀门、仪表等装置往往涉及系统平衡和计量收费，为了方便整个供暖系统的平衡和维修工作，确保计量收费工作的方便性与准确性，要求这些阀门设备不应设置在套内的住宅单元空间内。

供暖管道应做保温的相关条件可见国家标准《民用建筑供暖通风与空气调节设计规范》GB 50736。但也有很多情况下，供暖管道是可以不做保温的，这时如果管道直接固定于钢构件上或者通过金属支架固定，会把热量传递到钢构件上，造成热量的浪费，因此提出绝热支架的要求。

6.3.2 当住宅中采用空调时，应避免物件的表面产生凝露水。譬如，室外空气通过风道进入设有空调的建筑空间时，风道内壁面或外壁面容易产生凝露水，过冷的管道表面也易产生凝露水。凝露水会影响室内装修，造成能量损失，如漏入电气设备中，会产生烧毁设备等严重后果；同时凝露水也容易引起钢结构的腐蚀或造成钢结构防火保护层的损坏，因此必须杜绝。

空调冷热水和冷凝水管道及经过冷热处理的空气管道的防

结露和绝热措施，应遵照现行国家标准《设备与管道保冷设计导则》GB/T 15586、《设备与管道保温设计导则》GB 8175 及《公共建筑节能设计标准》GB 50189 中有关的规定。

当空调室外机组应直接或间接地固定于钢结构上时，由于空调室外机组的机械运动功率较大，容易通过钢结构构件传递噪声，所以应根据具体条件设置减振、隔振装置。

6.3.3 在住宅的各种类型中，部分住宅采用集中冷热源的供暖空调系统，为方便计量收费，发挥投资少、节能效果好的行为节能方式的积极作用，应设置用户计量装置。设置在公共部位和采用具有远传功能的用户计量装置，是为了方便抄表人员抄表，同时减少对住户生活的干扰。

6.3.4 管道穿过防火分隔墙、楼板及管道井壁时，管道周围会有空隙产生。采用不燃、耐高温绝热材料填充封堵的方法，可以防止火灾蔓延和烟气对其他区域的影响。

6.4 燃 气

6.4.2 本标准针对新建住宅，故生活用燃具应设置在通风良好的厨房，不考虑设置在其他地方。

6.4.5 室内低压燃气管道可选用热镀锌钢管、铜管、不锈钢波纹管等，但从造价等方面考虑，基本还是采用热镀锌钢管。

6.4.7 住宅设计厨房位置已经确定，室内燃气管道设计到厨房的灶具附近预留接头待燃气公司接燃气表，不应再穿越其他房间。为避免燃气管道渗漏影响人身安全，要求燃气管道明装。

6.4.9 本标准适用于 100 m 以下的高层钢结构住宅，故未将超高层的内容纳入。

6.5 电 气

6.5.1 现行上海市工程建设规范《住宅设计标准》DGJ 08—20 和

《居住建筑节能设计标准》DGJ 08—205 对住宅的用电负荷计算、供配电设计、照明设计等做了明确规定，其设计标准同样适用于多高层钢结构住宅。

6.5.2 电线电缆敷设应满足下列要求：

电缆桥架、母线应采用模数化、符合产业化要求的敷设方式，管线应采用暗敷的形式。电气管线敷设时，须与建筑、结构专业设计及施工密切配合。

现场敷管时，不应损坏预制墙体构件，此时墙体构件可加大配筋保护层的厚度。

6.5.3 防雷及安全接地应满足下列要求：

2 防雷接地应与工作接地、安全保护接地等共用一组接地装置。防雷和接地装置从安全、可靠、使用期长、最少的维护量及不影响建筑立面装饰等优点考虑，应充分发挥钢结构住宅的特点，利用建筑和结构本身的金属物作自然接地体。

6.6 住宅智能化

6.6.2 住宅小区智能化设计根据现行上海市地方标准《住宅小区安全技术防范系统要求》DB 31/294 的规定做相应修改。

7 制作安装与验收

7.1 一般规定

7.1.3 除满足设计要求外，深化设计还应满足部品部(构)件的标准化、便于制作、运输、堆放和安装等工艺要求。

7.2 部品部(构)件的制作与运输

7.2.6

5 本款规定涂装时的温度以 5 ℃～38 ℃为宜，但该规定只适合在室内无阳光直接照射的情况，一般来说，钢材表面温度要比气温高 2 ℃～3 ℃。如果在阳光直接照射下，钢材表面温度要比气温高 8 ℃～12 ℃，涂装时漆膜的耐热性只能在 40 ℃以下；当超过 43 ℃时，钢材表面上涂装的漆膜就容易产生气泡而局部鼓起，使附着力降低。

6 低于 0 ℃时，在室外钢材表面涂装容易使漆膜冻结而不易固化；湿度超过 85％时，钢材表面有露点凝结，漆膜附着力差。最佳涂装时间是日出 3 h 之后，此时附在钢材表面的露点基本干燥，日落后 3 h 之内停止(室内作业不限)，此时空气中的相对湿度尚未回升，钢材表面尚存的温度不会导致露点形成。

7 试验证明，在涂装后的钢材表面施焊，焊缝的根部会出现密集气孔，影响焊缝质量。误涂后，用火焰吹烧或用焊条引弧吹烧都不能彻底清除油漆，焊缝根部仍然会有气孔产生。

8 涂层在 4 h 之内，漆膜表面尚未固化，容易被雨水冲坏，故规定在 4 h 之内不得淋雨。

9 对于安装单位来说，构件的标志、标记和编号（对于重要构件应标注重量和起吊位置）是结构安装的重要依据，故要求在构件涂底漆后，应在明显位置标注构件代号。

12 高层建筑钢结构安装补刷涂层的工作，须在整个安装流水段内的结构验收合格后进行；否则，在刷涂层后再做别的项目工作，还会损伤涂层。

13 涂层附着力是反映涂装质量的综合性指标，其测试方法简单易行，故增加该测试以评价整个涂装工程的质量。涂层附着力的检测方法应按照现行国家标准《漆膜附着力测定法》GB 1720 或《色漆和清漆　漆膜的划格试验》GB 9286 执行。检查数量按构件数的 1%，且不应少于 3 件，每件测 3 处。

7.2.15 多高层钢结构住宅目前已逐步采用基于信息化的协同管理。因此，对于部品部（构）件的生产建议应相应纳入信息化管理系统进行。

7.3 部品部(构)件的安装

7.3.15

1 墙板材料要求。

1）墙板进场前应按规定提交抗弯强度检验报告、变形检验报告、型式检验报告及合格证；墙板进场时全数进行外观检查，不合格产品不得进场使用。

2）连接铁件应采用镀锌件或不锈钢件，镀锌量应满足镀锌规定；焊缝应及时清理焊渣，满涂防锈漆。

2 施工前的准备。

1）轻质墙板采用钢丝绳等直接吊运会造成板材边角破损，会导致安装时的不平整，增加修补工作量。

2）轻质板材的堆放要求：大型板材应按要求四点支承堆放；

轻质规格板材应按规定两端支承堆放；支承位置和堆放高度可按各类板材专门规定；垫木应放平对直(如蒸压轻质加气混凝土板支承位置距板端不大于 $L/5$，堆放时，每层高不大于 1 m，每垛高不大于 2 m，如图 10 所示)。

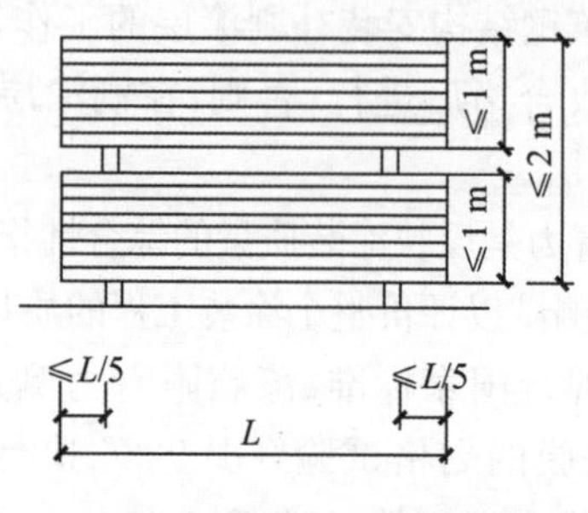

图 10　轻质板材的堆放要求

3　施工工艺及技术措施。

1）安装前，应根据土建图纸进行轻质墙板的深化设计，根据设计墙体的布置选择安装节点及安装方式，最终形成排版图和材料表(包括板材规格数量及辅材的种类和数量)。排版图应经签字确认，现场复核墙板有关安装尺寸无误后，方可按材料表下单生产。

2）开工前提交的墙板安装施工组织设计，应重点说明工程基本情况、平面布置、劳动力组织、设备投入、施工进度计划、施工工艺、操作要点、质量措施、质保体系及安全措施等。

3）安装用的金属连接件的材质、强度指标、加工焊接质量和防锈处理，应符合相关规范要求。

4）安装节点应保证位置正确、强度可靠、构造合理、满足设计要求；对焊接节点，应焊接牢固；螺栓连接节点，螺栓锚固可靠，螺帽拧紧适度；用其他专用连接节点应顶紧卡牢，满足深化设计要求。

5）板材墙体安装质量及偏差应符合规定要求。

6）为适应主体结构的变形及墙体自身的热胀冷缩，轻质墙体必须按照要求留设变形缝，缝内填发泡剂或岩棉（有防火要求时）。

7）墙板安装完成后，应将板缝修补整理平直，清理干净，外墙面板缝一般应打密封胶防水。打胶前需刷一遍底涂，要求打胶平直、均匀、粘结牢固。内墙板缝一般应涂刷界面剂后用专用勾缝材料做平；采用专用防水材料的，按专门规定操作。

4 内外墙饰面应按各种轻质板材的专门规定采用。

1）不需进行砂浆粉刷的（如蒸压轻质加气混凝土板），可直接做腻子（或防水腻子），后喷刷涂料（外墙宜用弹性涂料）。

2）需要进行粉刷时，应先做一层界面剂，后做薄层砂浆粉刷 1 层～2 层（5 mm～6 mm），然后进行涂料饰面。

3）采用面砖饰面时，应在砂浆粉刷面上用专用粘结剂粘贴面砖。

4）当需用金属板或石材饰面时，应采用龙骨以干挂形式安装，龙骨应穿过墙板支承在主体结构上。

7.3.16 轻质砌块墙体施工

1 材料要求

1）建筑工程所使用的各种材料进场时均应提供产品合格证和质量检测报告是一般规定，应当执行。

2）轻质砌块采用专用粘结剂砌筑可实现薄层砌筑，通过上海伊通有限公司和同济大学的试验研究证明，采用薄层砌筑可以提高砌体强度、平整度和施工效率，保证砌筑质量，同时更符合建筑产业化的要求。

3）轻质砌块的表面粘结抗拉强度一般较低，吸湿性较大，应选用适当装饰材料。

2 施工前的准备

1）轻质砌块易损坏，采用托板码垛，可以为堆放、装卸、运输提供方便，大大减少破损。

2）中转倒运不仅增加运输装卸费，同时也会增加损坏，轻质砌块一般都是用汽车运输直达施工现场。

3）材料进场的质量检查也是施工管理的统一规定。

4）要求轻质砌块堆放在坚硬场地上不仅为防止倒塌损坏，同时也为方便转运装卸；堆高限制主要为了人工拿取方便。

3 施工工艺及施工措施

1），2），3），5）这几条措施都是为保证轻质砌块墙的位置准确，墙面平整度高，砌筑质量好的必须操作规定。

4）为减少轻质砌块墙受结构变形的影响，提高墙体的抗裂性，在墙体和梁柱之间留缝是一种比较科学的做法，工程实践也可证实这一点。

6）为保证墙体的稳定性，轻质砌块墙应和梁柱有拉结措施，参照抗震规范的要求，经上海伊通有限公司和同济大学的科研成果表明，采用专用角型铁和梁柱的拉结效果为 2Φ6 拉结钢筋的 2 倍，且施工方便。

7）留斜槎不留马牙槎、老虎槎为一般砌体的施工规程要求，轻质砌块也不例外。

8）轻质砌体因质量较轻，在砌筑后的一段时间内，其粘结剂强度仍不高，在敲击和凿动墙体时易发生振动，影响灰缝黏结性，造成损坏，故有此限制。

9）轻质蒸压砂加气混凝土砌块采用同质材料的配筋切割过梁不仅方便，省工省料，而且表面质感相同，有利于装修，这也是其他材料所不及的优势之一。

10）工程实践证明，轻质砌块墙门窗框安装，除了常用预埋混凝土砌块外，对轻质门框如木门窗、塑料门窗采用尼龙锚栓固定也是可行的安装方法。尼龙锚栓距墙面应不小于 50 mm。

11）轻质砌块墙大多可采用先切割，后剔槽的方法开槽，不能随意剔槽；补槽防裂的关键在于选好材料，两次修补，聚合物砂浆或专用修补材料都是可行的选择。

4 墙面装饰

轻质砌块墙的墙面装饰要求主要是由墙体强度和表面情况来决定的。一般如平整度高则不需砂浆粉刷找平，直接刮腻子做涂料；如要贴面砖，粉刷前需先抹 2 mm～3 mm 厚专用界面剂；石材墙面或金属板墙面，则不能直接附在轻质墙体表面，应进行干挂安装。其余做法同一般墙体。

8 使用与维护

8.1 一般规定

8.1.1 多高层钢结构住宅的设计条件、使用性质及使用环境，是建筑设计、施工、验收、使用与维护的基本前提，尤其是建筑装饰装修荷载和使用荷载的改变，对建筑结构的安全性有直接影响，在设计文件中应注明。相关内容也是《住宅使用说明书》的编制基础。

8.1.2 本条内容主要是为保证多高层钢结构住宅的功能性、安全性和耐久性，为业主或使用者提供方便的要求。

鉴于多高层钢结构住宅的特点，应特别说明在使用过程尤其是装修改造中的注意点，防止出现影响住宅防水、主体结构安全等问题。

8.2 住宅使用

8.2.1 多高层钢结构住宅的使用条件、使用性质及使用环境与主体结构设计使用年限内的安全性、适用性和耐久性密切相关，不得擅自改变。如确因实际需要做出改变时，应按有关规定进行评估。

8.2.2 为确保主体结构的可靠性，在装修和使用过程中，不应对钢结构采取焊接、切割、开孔等损伤主体结构的行为。

根据国内外的经验，在正常维护和室内环境下，主体结构在设计使用年限内一般不存在耐久性问题。但破坏建筑保温、外围护防水等导致的钢结构结露、渗水受潮以及改变和损坏防火、防腐保护等，将加剧钢结构的腐蚀，影响耐久性。

欢迎关注“上海工程标准”微信订阅号

ISBN 978-7-5608-9933-6

定价：45.00 元